测绘科学与技术前沿探索

陈则刚 杨峰三 胥 姝 主编

哈尔滨出版社
HARBIN PUBLISHING HOUSE

图书在版编目（CIP）数据

测绘科学与技术前沿探索 / 陈则刚，杨峰三，胥姝主编. -- 哈尔滨 : 哈尔滨出版社，2025. 6. -- ISBN 978-7-5484-8588-9

Ⅰ. P2

中国国家版本馆 CIP 数据核字第 2025AC5655 号

书　　名： **测绘科学与技术前沿探索**

CEHUI KEXUE YU JISHU QIANYAN TANSUO

作　　者： 陈则刚　杨峰三　胥　姝　主编

责任编辑： 李金秋

出版发行： 哈尔滨出版社(Harbin Publishing House)

社　　址： 哈尔滨市香坊区泰山路 82-9 号　**邮编：** 150090

经　　销： 全国新华书店

印　　刷： 北京鑫益晖印刷有限公司

网　　址： www. hrbcbs. com

E - mail： hrbcbs@ yeah. net

编辑版权热线： (0451)87900271　87900272

销售热线： (0451)87900202　87900203

开　　本： 787mm×1092mm　1/16　**印张：** 11　**字数：** 201 千字

版　　次： 2025 年 6 月第 1 版

印　　次： 2025 年 6 月第 1 次印刷

书　　号： ISBN 978-7-5484-8588-9

定　　价： 58. 00 元

编　委　会

主　编：陈则刚　湖南省生态地质调查监测所/资源调查院

　　　　杨峰三　滕州市测绘院

　　　　胥　姝　成都市勘察测绘研究院

副主编：黄秋霞　山东省经纬工程测绘勘察院有限公司

　　　　崔晓策　济南璟图地理信息有限公司

　　　　孙　燕　烟台市土地储备和利用中心

前　　言

测绘科学与技术，作为探索地球空间奥秘、服务人类社会发展的重要基石，正以前所未有的速度迈向智能化、集成化和实时化的新时代。随着全球信息化进程的加速和新兴技术的不断涌现，测绘科学已从传统的地图绘制与空间数据采集，演变为涵盖地理信息获取、处理、分析、应用及服务的综合性技术体系，成为推动智慧城市、自动驾驶、环境监测、灾害预警等领域创新的关键力量。当前，测绘技术前沿正经历着深刻变革。无人机遥感、激光雷达扫描、卫星重力测量等高效数据采集技术，结合人工智能、大数据分析和云计算，实现了地理空间信息的精准获取与快速处理。同时，多源数据融合、三维建模与可视化、动态监测与实时更新等技术的突破，极大地拓展了测绘成果的应用场景，为资源调查、城市规划、生态保护、应急管理等提供了强有力的决策支持。

本书共七章，对测绘科学与技术展开系统阐述。第一章介绍测绘科学的定义与发展历程，以及在现代社会中的应用。第二章阐述卫星导航与定位技术，包括全球卫星导航系统原理与构成、高精度定位技术与方法及其在测绘中的应用。第三章讲解遥感技术基本原理与分类、影像处理分析技术，以及在环境监测和资源调查中的应用。第四章介绍地理信息系统基本概念与构成、空间数据管理与分析技术及其在城市规划与管理中的应用。第五章探讨无人机测绘系统组成与优势、航摄规划与数据处理技术，以及在灾害监测和农业估产中的应用。第六章讲述海洋测绘技术与装备发展，以及在海洋资源开发与环境保护中的应用。第七章研究测绘数据处理与分析方法，包括质量控制、可视化策略与工具，以及在智能决策支持系统中的应用。

目　录

第一章　测绘科学与技术概述

第一节　测绘科学的定义与发展历程

一、测绘科学的定义

（一）测绘科学的基本内涵

测绘科学是一门研究地球及其表面自然与人文要素的空间位置、形态、分布及变化的综合性学科。它涵盖了测量、制图、地理信息处理与应用等多个方面，旨在为人类活动提供精准的空间数据支持。测绘科学的基本内涵丰富而深刻，涉及多个学科领域的交叉与融合，体现了人类对地图空间认知的不断深化和技术手段的持续创新。

测绘科学的研究对象广泛，包括地球的几何形态（如形状、大小）、物理特性（如重力场）以及地表各类要素（如地形、地貌、建筑物、植被等）的时空分布规律。这些要素不仅构成了地球表面的自然景观，也反映了人类活动的痕迹和影响。测绘科学通过运用各种测量技术和工具，对这些要素进行精确的测量和描述，进而形成对地球空间环境的全面认知。

从学科性质上看，测绘科学既是一门技术科学，也是一门应用科学。作为技术科学，测绘科学关注测量技术的研发与应用，如卫星遥感、全球卫星导航系统（GNSS）、激光雷达（LiDAR）等现代测绘技术的发展，为测绘数据的获取和处理提供了更加高效、精确的手段。作为应用科学，测绘科学的研究成果广泛应用于国土规划、城市建设、资源管理、环境保护、灾害防控等多个领域，为经济社会的可持续发展提供了重要的空间信息支持。

测绘科学的核心任务是获取、处理和分析地球表面的空间信息。这一任务涵盖了从数据采集到成果应用的全过程。在数据采集阶段，测绘科学利用各种测量仪器和技术手段，对地球表面的各种要素进行精确的测量和记录。这些数据不仅包括了地理坐标、高程、方向等基本信息，还包括了地表覆盖、土地利用、地质构造等详细信息。在数据处理阶段，测绘科学对采集到的数据进行加工、整理和分析，以提取有用的空间信息。在成果应用阶段，测绘科学将处理后的空间信息以地图、数字模型、地理信息系统（GIS）等形式呈现出来，为各个领域的决策制定提供了重要的基础数据和信息支持。

（二）测绘科学的研究范畴

1. 地球形状与大小的测定

测绘科学的基础任务之一是精确测定地球的形状和大小。这包括研究地球椭球体的参数，如长半轴、短半轴和扁率等，以及地球表面的重力场分布。通过全球卫星导航系统（GNSS）、卫星激光测距（SLR）等现代技术手段，可以获取高精度的地球形状和重力场数据，为地球科学研究和空间技术应用提供基础支撑。

2. 地表要素的空间分布与变化分析

测绘科学关注地表各类要素的空间分布规律及其动态变化过程。这些要素包括地形、地貌、水系、植被、建筑物等自然和人文要素。通过遥感技术、激光雷达（LiDAR）等现代测绘手段，可以实现对地表要素的高精度测量和实时监测，为国土规划、城市建设、资源管理等提供科学依据。同时，测绘科学还研究地表要素之间的相互作用关系，以及它们对地球环境和人类活动的影响。

3. 地图绘制与地理信息系统（GIS）

地图是测绘科学的重要成果之一，它直观地展示了地球表面的空间分布和形态特征。测绘科学研究地图的绘制原理、方法和技巧，以及地图的数学基础、投影变换等理论问题。同时，随着计算机技术的发展，地理信息系统（GIS）逐渐成为测绘科学的重要应用领域。GIS 能够集成、存储、管理、分析和展示空间数据，为决策制定提供科学依据。测绘科学研究 GIS 的理论、技术和方法，以及其在各个领域的应用实践。

（三）测绘科学的学科特点

1. 多学科交叉融合

测绘科学是典型的多学科交叉融合学科。它不仅涉及数学、物理学、计算机科学等自然科学领域的知识，还与地理学、法学、管理学等社会科学领域有着紧密的联系。例如，在测绘过程中，需要运用数学方法进行数据处理和分析，利用物理原理进行仪器设计和校准，借助计算机技术实现数据的自动化处理和可视化表达，同时还需要考虑地理环境的复杂性、法律法规的约束以及管理决策的需求。这种多学科交叉融合的特点使得测绘科学能够不断吸收和借鉴其他学科的最新成果，推动自身的创新和发展。

2. 技术性强,应用广泛

测绘科学是一门技术性很强的学科。它的发展离不开现代科学技术的支持,为测绘科学提供了更为精准、高效的数据获取和处理手段。同时,测绘科学的应用范围也极为广泛,几乎涉及人类活动的各个领域。从国土规划、城市建设到资源管理、环境保护,从灾害防控、军事应用到科学研究、文化传承,测绘科学都发挥着不可替代的作用。这种技术性强、应用广泛的特点使得测绘科学在推动经济社会发展、提高人类生活质量方面具有重要意义。

3. 数据驱动,信息丰富

测绘科学通过对地球表面空间数据的采集、处理和分析,提取有用的空间信息和知识,为各个领域的决策制定提供科学依据。这种数据驱动、信息丰富的特点使得测绘科学在大数据时代背景下具有更为广阔的发展前景和应用潜力。

4. 理论与实践紧密结合

测绘科学理论体系涵盖了地球形状与大小的测定、地表要素的空间分布与变化分析等多个方面,为测绘实践提供了坚实的理论基础。同时,测绘科学也注重实践应用,通过不断的实践探索和技术创新,推动测绘技术的不断进步和应用领域的不断拓展。这种理论与实践紧密结合的特点使得测绘科学能够在不断适应经济社会发展需求的过程中保持强大的生命力和创新能力。

5. 动态变化,持续创新

测绘科学随着科技的不断进步和社会需求的不断变化,研究内容和方法在不断更新和完善,研究手段和数据获取方式也在不断更新;随着经济社会的发展和环境保护意识的提高,测绘科学在资源管理、环境保护等领域的应用也在不断拓展和深化。这种动态变化、持续创新的特点使得测绘科学能够不断适应新时代的需求和挑战,为经济社会的可持续发展提供更为精准、高效的空间数据和信息支持。

(四)测绘科学的理论基础

1. 数学基础

在测绘过程中,无论是空间数据的采集、处理还是分析,都离不开数学方法的运用。测绘科学中的数学基础主要包括几何学、代数学、概率论与数理统计等。几何学和代数学在测绘数据的处理和分析中发挥着重要作用;概率论与数理统计用于评估测绘数据的精度和可靠性,为决策制定提供科学依据。

2. 物理基础

主要涉及地球物理学、光学、电磁学等领域的知识。例如,在遥感测绘中,利用光学原理进行影像的获取和处理;在大地测量中,通过测量地球重力场的变化来推断地球内部的物质结构和运动状态。物理基础不仅为测绘仪器的设计和校准提供了科学依据,也为测绘数据的解释和应用提供了理论支持。

3. 计算机科学基础

随着计算机技术的飞速发展,计算机科学已成为测绘科学的重要理论基础之一。计算机科学在测绘中的应用主要体现在数据处理、存储、传输和可视化等方面。例如,地理信息系统(GIS)作为测绘科学的重要工具,其核心就是计算机科学中的数据库技术、图形图像处理技术和网络技术等。通过计算机科学的支持,测绘科学实现了数据的自动化处理、实时更新和远程共享,极大地提高了测绘工作的效率和精度。

4. 地理学基础

地理学研究地球表面的自然与人文现象的空间分布、相互联系及其动态变化过程。测绘科学通过精确测量和翔实数据,为地理学的研究提供了重要的数据支持。同时,地理学的理论和方法也为测绘科学提供了研究思路和方向,促进了测绘科学与地理学的相互融合与发展。

5. 测量学基础

测量学研究如何准确测定地球表面点的位置、高程、方向等空间信息。测量学的基础理论包括误差理论、平差理论、大地测量学等。误差理论用于评估测量数据的精度和可靠性;平差理论则通过数学方法消除测量误差,提高测量精度。这些基础理论为测绘实践提供了科学指导和技术支持。

6. 遥感与摄影测量学基础

遥感技术利用卫星、飞机等遥感平台搭载传感器获取地表影像数据;摄影测量学则通过摄影手段获取地表物体的三维信息。这些技术为测绘科学提供了快速、高效的数据获取手段,同时也推动了测绘技术的不断创新与发展。遥感与摄影测量学的基础理论包括辐射传输理论、影像处理与分析理论等,这些理论为遥感数据的解释和应用提供了科学依据。

7. 地理信息系统(GIS)基础

GIS 集成了计算机科学、地理学、测量学等多学科的知识与技术,实现了空间数据的采集、存储、管理、分析和可视化等功能。GIS 的基础理论包括空间数据库理论、空间分析理论、地图制图理论等。这些理论为 GIS 的设计与开发提供了科学依据和技术支持，同时也推动了测绘科学在各个领域的应用与发展。

二、测绘科学的发展历程

（一）古代测绘的起源与发展

早期人类为生存需求发展出原始测绘技术，通过日影观测、步量法等简单手段进行空间定位。古埃及人为实施农业灌溉，沿尼罗河建立基准点构成早期测量网络，其绳尺测量技术精度达 0.1%。美索不达米亚平原的苏美尔人创造楔形文字记录土地边界，泥板文献中可见几何分割田地的测绘记录。中国古代《周礼》记载"惟王建国，辨方正位"的礼制测量，战国时期《管子·地图篇》系统论述地图编制方法，唐代裴秀"制图六体"理论奠定传统地图学基础。印度河文明遗址出土的标准化砖块和排水系统，展现早期城市测绘的标准化实践。这些文明独立发展出测天量地技术，通过星象观测建立历法体系，利用圭表、日晷等仪器实现时间—空间耦合测量。古代测绘智慧在都江堰水利工程、京杭大运河等宏大工程中得以实践，体现了经验测量与工程应用的深度融合。

（二）近代测绘的技术革新

15 世纪地理大发现推动测绘技术转型，荷兰数学家斯涅尔建立三角测量理论，使大地测量从局部测量转向球面定位。18 世纪法国科学院实施全国范围的大地测量，通过拉普拉斯提出的椭球参数确定地球形状。高斯提出最小二乘法平差理论，使测量数据处理进入系统误差控制阶段。摄影测量技术诞生后，随着一系列测图仪器的研制，实现地形图自动化生产。20 世纪初，惯性导航原理的提出为动态测量开辟新路径，同时电磁波测距技术突破传统光学测量局限。海道测量领域发展回声测深技术，使海洋地形测绘成为可能。这些技术革新使测绘精度从米级跃升至厘米级，测绘范围从陆地扩展到海洋与空中，奠定了现代大地测量学的理论基础。

（三）现代测绘技术

空间技术革命推动测绘科学进入三维动态监测阶段。1957 年苏联发射首颗人造卫星，引发对卫星大地测量的探索，美国 GPS 系统的建成实现了全球实时定位。遥感技术通过多光谱、高光谱传感器获取地表信息，Landsat 系列卫星持续提供地球资源数据。激光雷达技术突破传统光学测量限制，实现高精度三维点云数据采集。地理信息系统（GIS）将空间数据与属性信息集成，推动测绘成果从静态表达转向动态分析。惯性导航系统、合成孔径雷达等技术的融合,使测绘作业突破时空限制。现代测绘技术呈现三大特征:数据获取全天候(卫星遥感不受日照限制)、测量基准全球化(ITRF 国际地球参考框架)、成果应用智能化(AI 辅助空间决策)。这些技术体系在数字地球构建、智慧城市建设中发挥核心作用,使测绘科学完成从"地图生产"到"空间信息基础设施"的范式转型。

第二节　测绘技术在现代社会中的应用

一、地理信息系统(GIS)的集成应用

(一)智慧城市空间数据管理

当代智慧城市以数据驱动为特征,GIS 构建的空间数据基础设施成为数字孪生城市的核心载体。其技术实现包含三个维度:其一,多源数据融合机制。通过物联网传感器网络、社交媒体数据流、政府开放数据库等渠道,GIS 实现结构化与非结构化数据的语义统一。如新加坡智慧城市项目,集成环境传感器、交通摄像头及社交网络签到数据,构建多维城市体征数据集。其二,动态更新与实时计算能力。采用分布式列式数据库技术,GIS 平台支持 PB 级空间数据的毫秒级响应,杭州城市大脑通过 GIS 引擎实时处理 10 万级交通事件数据,优化信号灯配时方案。其三,三维空间语义建模。基于 CityGML 标准构建的建筑信息模型(BIM)与 GIS 融合,形成"数字孪生体"的几何—属性—行为完整表达。纽约市通过三维 GIS 平台模拟洪涝灾害场景,评估不同海平面上升情景对城市韧性的影响。这种数据管理体系使城市规划从静态蓝图转向动态演化系统,支持空间资源的精准配置。

(二)基础设施网络可视化分析

GIS 的网络分析模块将物理基础设施转化为可计算的拓扑结构,揭示系统运行的深层规律。在交通领域,通过道路网络中心性分析识别关键节点,伦敦交通局据此优化公交枢纽布局,使通勤效率提升。能源网络建模中,GIS 结合水力模型与地形数据,实现输配电线路的负载动态模拟。日本东京电力公司利用 GIS 空间插值技术,预测不同地震烈度下的电网损毁范围,优化应急抢修路径。在水利设施管理中,GIS 驱动的数字流域模型可模拟降雨—径流—淹没全过程,珠江水利委员会借此实现洪峰到达时间的米级精度预测。值得强调

的是,复杂网络理论与 GIS 的结合催生了基础设施韧性评估新方法。通过空间句法分析道路网络可达性,结合图论算法计算网络效率,可量化评估灾害冲击下的系统功能损失。这种可视化分析范式使基础设施管理从经验决策转向量化评估,显著提升系统运行的可靠性。

(三)商业选址与市场调研支持

商业选址领域,GIS 通过多源数据融合实现空间机会的可视化评估。人口热力模型基于手机信令或社交签到数据,生成高分辨率的消费潜力分布图;交通可行性分析结合实时路况数据,计算不同时段的服务覆盖范围;竞争环境模拟运用 POI 数据生成核密度曲面,识别饱和区域与空白市场。某国际咖啡连锁企业利用此类模型,在 30 分钟内完成新城市 200 个候选址的筛选排序,效率提升 40%。空间交互模型(SIM)的引入,更使辐射半径预测精度达到米级,有效平衡客流量与租金成本。

市场调研维度,GIS 推动消费行为研究进入空间显式建模阶段。轨迹数据挖掘技术通过手机信令追踪用户移动路径,揭示通勤轨迹与消费热点的空间耦合机制;空间聚类算法将消费者按居住密度、消费频次等属性划分为地理细分市场,支撑沃尔玛等零售巨头优化配送网络布局;基于 Agent 的建模(ABM)则实现微观尺度的消费决策模拟,日本便利店企业据此预测灾害场景下的物流需求变化。英国伦敦西区运用空间句法理论调整商业业态分布,使奢侈品店铺的客流转化率提升,验证了空间结构对消费行为的引导作用。

二、遥感技术的多维度监测

(一)土地资源动态监测体系

现代土地监测体系以多源遥感数据融合为基础,通过光谱特征提取、空间纹理分析及时序变化检测,实现土地覆被类型的自动化识别与动态演化追踪。Landsat 系列卫星提供的 30 米分辨率影像构成全球土地覆盖监测的基准数据集,结合 Sentinel-2 的高重访周期优势,可生成 10 米级地表分类图。某研究团队在非洲萨赫勒地区运用随机森林算法,融合多光谱数据与地形指数,使土地覆盖分类精度达 92%。时序分析方面,MODIS 传感器生成的 NDVI 时间序列曲线,有效揭示耕地物候节律与作物种植制度演变。我国自然资源调查部门采用变化检测算法,通过双时相影像的辐射归一化处理,实现建设用地扩张的米级精度监测。

三维空间信息的获取推动监测体系向立体化转型。InSAR 技术通过合成孔径雷达的相位差计算,生成厘米级地表形变场,可监测城市地面沉降与矿山开采塌陷。激光雷达(LiDAR)点云数据构建的DEM模型,结合多光谱影像实现森林垂直结构参数提取,美国NASA利用此方法完成了全球森林生物量制图。动态模拟技术的引入使监测从状态描述转向过程预测,通用陆地模型(CLM)与遥感数据耦合,可模拟不同气候情景下的土地生产力变化。

(二)环境变化卫星影像解析

环境变化研究依托遥感技术突破传统地面观测的时空局限,通过多传感器协同与长时间序列分析,揭示地表系统的演化规律。大气环境监测中,TROPOMI传感器提供的高分辨率二氧化氮柱浓度数据,结合气象再分析资料,可解析区域空气污染扩散路径。地表温度反演算法利用热红外波段数据,构建城市热岛效应的空间分异模型,上海利用此方法识别出5级热岛强度区域,指导绿地系统规划。

植被动态监测领域,增强型植被指数(EVI)时间序列分析可捕捉植被物候变化,亚马孙雨林研究团队据此发现干旱导致的森林衰退提前15天。水体环境监测方面,Landsat的短波红外波段结合水体指数法,实现富营养化程度的定量评估,太湖蓝藻暴发监测精度达85%。冰川变化研究通过多期影像的冰川边界提取,结合DEM数据计算冰量损失速率,喜马拉雅地区冰川监测显示21世纪退缩速率较20世纪加快。

(三)农作物长势光谱评估

光谱评估应用场景呈现多维度拓展。氮肥管理中,冠层反射率与叶片氮含量的定量关系($R^2=0.72$)支持变量施肥决策;病虫害监测利用红边蓝移现象,无人机高光谱影像提前两周识别病灶;灌溉效率评估通过冠层温度与NDVI的梯形关系优化水资源配置。我国黑龙江农垦集团应用此技术,使水稻灌溉量减少而产量持平。技术挑战方面,混合像元问题催生亚像元分类算法,尺度效应研究揭示不同分辨率数据的权重差异,未来量子点传感器可能突破光谱分辨率极限。

农作物长势的光谱评估本质上是电磁波谱与生物过程的耦合解析。通过量化叶片生化组分的光谱指纹,遥感技术将作物生理状态转化为决策依据,构建光谱—生理—产量的闭环认知体系。随着传感器革新与算法演进,这种监测手段将深度融入精准农业实践,推动粮食安全与资源高效利用的协同发展。

三、文化遗产保护应用

（一）地质灾害合成孔径雷达干涉（InSAR）监测技术

合成孔径雷达干涉（InSAR）技术通过获取地表微小形变信息，为文化遗产周边环境的地质稳定性评估提供了高精度的数据支持。在山西大同云冈石窟及周边区域的沉降监测案例中，研究人员选取了 2018 年 8 月至 2020 年 9 月期间的 24 景 COSMO-SkyMed 降轨 SAR 影像数据。这些影像具有距离向分辨率 0.9 米、方位向 1.8 米的高精度特性。研究首先选定 2019 年 8 月 4 日的影像作为主参考影像，将其他影像与其进行干涉处理，得到 23 个干涉对，并结合时空基线信息，利用幅度离差法，成功获取超过 1 100 万个 PS 点（高相干性点），提取出这些点的干涉相位。随后，使用 SRTM 高程模拟生成地形相位和平地相位，从干涉相位中减去这些相位，最终得到差分干涉图。

InSAR 技术能够对大面积区域的地表形变进行长期、连续的监测。对于文化遗产而言，这种监测能力尤为重要。许多文化遗产建筑，如古代石窟、古塔等，长期受到地质环境变化的影响，如地面沉降、山体滑坡等。通过 InSAR 技术，可以提前发现这些潜在的地质灾害隐患，为文化遗产的保护决策提供科学依据。例如，在山西大同云冈石窟的监测中，InSAR 技术能够精确地检测到石窟周边地表的微小形变，及时发现可能对石窟安全构成威胁的地质活动，从而采取相应的加固和保护措施，避免文化遗产因地质灾害而遭受破坏。

（二）洪水淹没区数字模拟预测

数字模拟预测技术结合了地理信息系统（GIS）、遥感技术、水文模型等多种手段，能够对洪水淹没过程进行精确模拟，为文化遗产的防洪保护提供科学支持。以暴雨及台风导致的气象水文灾害为例，当水文灾害发生时，对洪泛区的监测是重中之重。合成孔径雷达监测技术作为主动式遥感技术，具有发射穿透性极强的微波、不受云雨影响的特点，能够实现对洪泛区的全天候高精度监测。

模拟预测技术不仅能够实时监测洪水淹没情况，还能够对未来的洪水淹没范围进行预测。通过建立水文模型，结合气象预报数据和地形地貌信息，可以模拟不同降雨强度和降雨历时下的洪水演进过程，预测文化遗产可能受到的淹没影响。例如，在山西省文物暴雨灾害的研究中，基于 2021 年山西省文物暴雨灾害的详尽调查数据，创新性地运用机器学习技术构建了文物气象灾害预测模型。该模型利用山西省 53 875 处不可移动文物数据，识别出 10 879

处文物可能面临较高的气象灾害风险，并预测了这些文物在不同降雨情景下的淹没范围，为文化遗产的防洪保护提供了前瞻性的指导。

（三）大气污染扩散路径追踪

测绘科学中的遥感技术和气象监测技术为大气污染扩散路径追踪提供了有效的手段。遥感技术可以通过获取不同波段的电磁波信息，监测大气中污染物的浓度和分布情况。例如，利用多光谱、高光谱遥感影像，可以识别大气中的二氧化硫、氮氧化物等有害气体以及颗粒物的分布特征。气象监测技术则可以提供大气环流、风向、风速等信息，结合遥感数据，可以模拟大气污染物的扩散过程，追踪其扩散路径。

在实际应用中，可以根据文化遗产所在地区的气象条件和地形地貌特征，建立大气污染扩散模型。该模型综合考虑污染物的排放源、气象条件、地形地貌等因素，模拟污染物在大气中的传输和扩散过程。通过与遥感监测数据相结合，可以实时更新污染物的扩散范围和浓度分布，为文化遗产的保护提供及时的预警信息，此外，大气污染扩散路径追踪技术还可以用于评估不同保护措施的效果。通过对比采取保护措施前后污染物的扩散范围和浓度分布变化，可以评估保护措施的有效性，为进一步优化保护方案提供科学依据。

第二章　卫星导航与定位技术

第一节　全球卫星导航系统(GNSS)原理与构成

一、GNSS 定位基本原理

(一)GNSS 信号特性与构成

GNSS 信号主要由三部分组成:导航电文、测距码和载波。导航电文,也被称为数据码,是卫星向用户播发的关键信息,包含了描述卫星运行状态的各种参数,如星历、历书、卫星钟差、卫星健康状态以及电离层延时模型等。这些参数对于用户来说至关重要,因为它们需要根据这些数据来解析和计算自己的位置。测距码是一种二进制编码序列,用于测定卫星与接收机之间的距离。这种编码序列类似一种伪随机噪声码(Pseudo-Random-Noise,PRN),它不仅能够区分不同的卫星信号,还能用于伪距的测量,为定位提供关键数据。载波则是物理概念中的特定频率无线电波,其单位为 Hz。在 GNSS 系统中,导航电文和测距码属于低频信号,而卫星轨道又相对较高。为了确保这些低频信号能够顺利穿透电离层并成功传输,它们会被调制到高频震荡波上,这个高频震荡波就被称为载波。

(二)GNSS 定位的数学基础

GNSS 定位的数学基础主要基于三维坐标系中的距离测量和位置解算。在三维坐标系中,地球上的每一个位置都可以用其经度、纬度和高程三个坐标来表示。同样,位于该位置上的 GNSS 卫星也具备自己的三维坐标。GNSS 定位的基本原理是通过测量接收器与多颗已知位置的卫星之间的距离,来解算接收器的三维坐标。这一过程中,需要利用光速不变原理和卫星信号的传播时间差来计算距离,即伪距。伪距是指卫星信号从卫星发射到接收器接收之间的时间差乘以光速所得到的距离,但由于各种因素的影响,如卫星钟差、大气延迟等,伪距并不等于真实距离,因此需要通过各种校正手段来提高定位精度。

（三）GNSS 定位的实现过程

GNSS 定位的实现过程包括信号的接收、处理和解算三个主要步骤。首先，GNSS 接收机需要接收来自多颗卫星的信号，这些信号包含了卫星的轨道信息、时间信息以及导航电文等。接收机通过解码这些信号，提取出所需的信息。其次，接收机利用测距码和载波信息来测量与每颗卫星之间的伪距。这一过程涉及信号的捕获、跟踪和测量等多个环节。最后，利用接收机测得的伪距和卫星的三维坐标，通过三角测量原理和解算算法解算出接收机的三维坐标和时钟偏差。

二、GNSS 信号传播与误差源

（一）GNSS 信号传播路径

GNSS 信号从卫星发射至地面接收器，其传播路径并非简单的直线，而是穿越地球大气层，包括电离层和对流层。电离层位于地球高层大气中，主要受到太阳辐射的影响，大气分子和原子被电离成自由电子和正离子。当 GNSS 信号穿过电离层时，会与这些自由电子发生相互作用，导致信号的传播速度和方向发生变化，从而产生电离层延迟误差。对流层则位于地球大气层的低层，其气象条件复杂多变，如温度、湿度和气压的变化都会对 GNSS 信号的传播产生影响，导致对流层延迟误差，此外，信号在传播过程中还可能遇到地面反射、散射等现象，形成多路径效应，进一步影响定位精度。

（二）主要误差源及其影响

1. 电离层延迟误差

电离层中的自由电子对 GNSS 信号的电磁波产生折射和散射作用，导致信号传播速度减慢，从而产生距离误差。这种误差在天顶方向尤为显著，最大可达数十米。为了减小电离层延迟误差，GNSS 系统通常采用双频观测技术，即同时接收两个不同频率的信号，利用电离层对不同频率信号的折射差异进行校正，此外，还可以利用电离层模型进行预测和校正。

2. 对流层延迟误差

对流层中的气象条件如温度、湿度和气压的变化会对 GNSS 信号的传播速度和方向产生影响，导致信号传播路径发生弯曲和延迟。对流层延迟误差通常在地面观测中更为显著，尤其在较长的测量路径上更容易受到影响。为了减小对流层延迟误差,GNSS 系统通常采用经验模型进行预测和校正,或者利用水汽辐射计等设备进行实时测量和校正。

3. 多路径效应误差

当 GNSS 信号在传播过程中遇到地面或其他物体的反射后,会形成多条传播路径到达接收器。这些反射信号与直达信号相互叠加干扰,导致接收器接收到的信号失真或产生错误,从而影响定位精度。多路径效应误差在复杂环境中尤为显著,如城市峡谷、山区等。为了减小多路径效应误差,GNSS 系统通常采用抗多径天线、选择开阔的观测环境、延长观测时间等方法进行改善。

4. 卫星轨道误差

由于地球、月球和太阳等天体的引力扰动以及卫星自身的动力学特性等因素,卫星轨道会发生微小变化。这种变化会导致卫星位置的不确定性,从而影响 GNSS 定位精度。为了减小卫星轨道误差,GNSS 系统通常采用精密星历文件进行轨道修正,或者利用差分定位技术进行误差补偿。

5. 卫星钟差

由于卫星钟受到空间环境、温度变化、电子器件老化等多种因素的影响,其频率稳定性会受到一定程度的影响。卫星钟差会导致 GNSS 信号传播时间的测量误差,从而影响定位精度。为了减小卫星钟差,GNSS 系统通常采用地面监测站对卫星钟进行连续监测和校正,或者利用差分定位技术进行误差补偿。

6. 其他误差源

除了上述主要误差源外,GNSS 系统还可能受到其他因素的影响,如地球自转效应、相对论效应、人为干扰等。地球自转效应会导致接收器和卫星之间的相对速度变化,从而影响信号传播时间的测量。相对论效应会对卫星钟的运行产生影响,导致卫星钟差的变化。人为干扰则可能来自电磁干扰、恶意攻击等因素,对 GNSS 信号的正常接收和处理造成影响。为了减小这些误差源的影响,GNSS 系统需要采用多种技术手段进行防护和校正。

三、GNSS 定位算法与精度提升

(一)GNSS 定位算法的主要类型

1. 伪距单点定位(PPP)

伪距单点定位是一种基于伪距测量的定位方法,它只需要一个接收器就可以计算出接收器的位置。伪距是通过测量信号传播时间来计算的,但由于接收器时钟误差的存在,实际测量的距离(伪距)会大于真实距离。PPP 算法通过引入卫星钟差、接收器钟差、电离层延迟、对流层延迟等误差模型,并利用精密星历和钟差数据进行校正,从而获得较高的定位精度。PPP 算法适用于无差分站支持的场景,如偏远地区或海洋等。

2. 差分定位(Differential GNSS,DGNSS)

差分定位是一种通过比较参考站和流动站之间的信号差异来校正误差的方法。参考站通常位于已知位置,其接收到的卫星信号被用作基准。流动站则根据与参考站之间的信号差异来校正自身的定位误差。差分定位可以显著提高定位精度,尤其是在短基线(流动站与参考站之间的距离较短)情况下。差分定位技术包括实时动态定位(RTK)、载波相位差分定位(PDOP)等。

3. 精密单点定位(PPP-RTK)

精密单点定位是一种结合了 PPP 和 RTK 优点的定位方法。它利用精密星历和钟差数据,通过单站接收器的数据实现高精度定位,同时引入 RTK 技术中的载波相位观测值来提高定位精度和收敛速度。PPP-RTK 算法适用于需要高精度定位且无法建立差分站的场景,如城市峡谷、山区等。

(二)GNSS 定位精度的提升策略

1. 多频观测技术

多频观测技术是指同时接收多个频率的 GNSS 信号进行定位的方法。由于不同频率的信号在传播过程中受到大气延迟等因素的影响不同,因此可以利用多频观测数据进行组合解算,以减小误差并提高定位精度。多频观测技术特别适用于电离层延迟较大的场景。

2. 精密星历和钟差数据

精密星历和钟差数据是 GNSS 定位中不可或缺的重要资源。它们提供了卫星轨道和时钟的精确信息,为定位算法提供了可靠的基准。通过引入精密星历和钟差数据,可以显著减小卫星轨道误差和时钟误差对定位结果的影响,从而提高定位精度。

3. 大气延迟校正模型

大气延迟是 GNSS 定位中的主要误差源之一。为了减小大气延迟对定位结果的影响,需要建立精确的大气延迟校正模型。这些模型可以根据气象条件、地理位置等因素进行实时更新和调整,以适应不同场景下的定位需求。

4. 接收机自主完好性监测(RAIM)

接收机自主完好性监测是一种通过监测接收到的卫星信号质量来评估定

位结果可靠性的方法。RAIM 算法可以实时检测并排除异常的卫星信号，从而提高定位结果的准确性和可靠性。RAIM 算法特别适用于需要高可靠性定位的场景，如航空、航海等。

5. 算法优化与并行计算

随着计算机技术的不断发展，算法优化与并行计算成为提高 GNSS 定位精度的重要手段之一。通过优化定位算法的结构和参数设置，可以减小计算误差并提高定位精度。同时，利用并行计算技术可以显著提高算法的计算效率，从而满足实时定位的需求。

四、GNSS 系统空间星座构成

（一）GNSS 系统空间星座的基本概念

GNSS 系统空间星座是指由多颗人造卫星按照一定的规则分布在地球轨道上，共同构成的一个卫星网络。这些卫星通过发射无线电信号，为地面用户提供导航、定位和授时服务。空间星座的构成直接影响到 GNSS 系统的覆盖范围、定位精度和可靠性。因此，星座设计是 GNSS 系统建设中的关键环节之一。

（二）GNSS 系统空间星座的主要类型

1. 中地球轨道（MEO）星座

MEO 星座以 GPS、伽利略系统、格洛纳斯系统及北斗三号系统的 MEO 卫星为代表，轨道高度约 20 000~26 000 千米，运行周期 11~14 小时。此类星座通过多轨道面分布实现全球覆盖，例如 GPS 的 Walker 24/6/2 星座包含 24 颗卫星，均匀分布于 6 个轨道面，确保任意时刻全球用户可观测到 4 颗以上卫星。MEO 卫星的动态特性使其能够快速更新用户位置，适用于高动态场景（如航空、航海）的实时定位需求。北斗三号 MEO 星座采用 Walker 24/3/1 构型，通过 3 个轨道面实现与 GPS 等效的覆盖性能，同时通过星间链路技术提升星座自主运行能力。

2. 地球静止轨道（GEO）星座

GEO 卫星轨道高度约 35 786 千米，运行周期与地球自转同步，始终定点于赤道上空。此类卫星主要用于区域增强服务，例如北斗三号系统部署的 5 颗 GEO 卫星，分别定点于东经 80°、110. 5°、140°、58. 75°及 160°，通过大功率信号发射实现亚太地区的高精度定位。GEO 卫星的静止特性使其能够提供持续稳定的区域覆盖，特别适用于短报文通信、精密单点定位（PPP）等高精度服务。例如,北斗系统的 GEO 卫星支持双向通信功能,用户终端可直接与卫星交互,实现无地面网络覆盖区域的应急通信。

3. 倾斜地球同步轨道(IGSO)星座

IGSO 卫星轨道高度与 GEO 相当,但轨道倾角为 55°~65°,形成"8"字形轨迹,适用于中纬度地区的信号增强。北斗三号系统的 3 颗 IGSO 卫星与 GEO 卫星协同,通过轨道倾角设计实现亚太地区尤其是中国及周边区域的多重覆盖。此类卫星的轨道特性使其在特定区域内的可见卫星数显著增加,例如北斗 IGSO 卫星在亚太地区的可见卫星数可达 8~10 颗,显著提升定位精度与可用性,此外,IGSO 卫星的轨道设计可有效减少高纬度地区的信号遮挡问题,例如俄罗斯格洛纳斯系统的 IGSO 卫星通过大椭圆轨道参数优化,提升了极地地区的导航性能。

(三)GNSS 系统空间星座的设计原则

星座设计应确保系统能够覆盖全球范围,特别是在高纬度地区和海洋等偏远地区。这要求对卫星轨道类型和数量进行合理配置,以实现无缝覆盖。星座设计应考虑到定位精度的要求,通过优化卫星轨道和信号频率等参数,提高系统的定位精度和稳定性。星座设计应确保系统的可靠性,包括卫星的冗余设计、故障检测和恢复机制等。这要求星座中的卫星数量足够多,且分布合理,以应对单颗卫星故障或失效的情况。星座设计应考虑到经济性因素,包括卫星制造、发射和运维成本等。这要求星座设计在满足性能需求的前提下,尽可能降低系统成本。

(四)典型 GNSS 系统的星座构成

1. 北斗卫星导航系统(BDS)

北斗是中国自主研发的全球卫星导航系统,其星座由 GEO、IGSO 和 MEO 三种类型的卫星组成。北斗三号系统由 3 颗 GEO 卫星、3 颗 IGSO 卫星和 24 颗 MEO 卫星组成,实现了全球覆盖和高精度定位服务。北斗系统还提供了短报文通信和地基增强等特色服务,满足了不同领域和行业的应用需求。

2. 伽利略卫星导航系统(Galileo)

Galileo 是欧盟的 GNSS 系统,其星座由 30 颗 MEO 卫星组成,分布在 3 个等距轨道平面上,每个轨道平面包含 10 颗卫星(另有 3 颗备份卫星)。Galileo 卫星的轨道高度约为 29 600 千米,轨道倾角为 56°。Galileo 系统具有高精度、高可靠性和高可用性等优点,为欧洲及全球用户提供导航和定位服务。

五、GNSS 地面控制系统

(一)GNSS 地面控制系统的基本概念

GNSS 地面控制系统是指对卫星导航系统进行监控、管理和控制的地面设施集合。它是确保卫星导航系统正常运行、提供高精度定位服务的关键环节。地面控制系统通过采集卫星信号数据、计算卫星轨道和时钟参数、上传控制指令等方式,对卫星导航系统进行全面监控和管理,确保卫星能够按照预定轨道和时钟参数运行,为用户提供连续、稳定的导航和定位服务。

(二)GNSS 地面控制系统的主要组成

1. 主控站

主控站是地面控制系统的决策中心,承担卫星状态监控、轨道计算、时间基准维护及用户服务管理等多重职能。以 GPS 为例,其主控站位于美国科罗拉多州施里弗空军基地,通过整合全球监测站数据生成高精度星历,并通过主控站向卫星播发导航电文。主控站需具备多频段数据处理能力,例如北斗系统主控站需同时处理 B1、B2、B3 频段信号,确保多星座联合定位的兼容性,此外,主控站还需建立冗余备份机制,如采用分布式计算架构提升系统容错性,并通过光纤网络实现与监测站、注入站的高速数据传输。

2. 监测站

监测站通过高精度接收机实时跟踪卫星信号,采集伪距、载波相位及多普勒频移等观测数据,用于卫星轨道与钟差参数的解算。监测站布局需兼顾全球覆盖与几何精度因子(DOP)优化,例如 GPS 监测站分布于全球 60 余个站点,形成均匀的观测几何分布。0.3 微米现代监测站普遍采用相控阵天线与自适应滤波技术,提升多路径效应抑制能力,并通过光纤链路将数据实时传输至主控站。

3. 注入站

注入站负责将主控站生成的导航电文、差分修正参数及控制指令上传至卫星。该过程需通过高功率发射机实现,例如 GPS 注入站采用 S 波段上行链路,功率达 1 000 瓦级。注入站设计需考虑信号遮挡与电离层延迟影响,通常选择海拔较高、电磁环境洁净的站点。北斗系统注入站通过星地时间同步技术,将注入误差控制在 100 纳秒以内,并通过双频信号冗余传输提升可靠性。此外,注入站需具备快速响应能力,例如在卫星钟差突变时,需在 10 分钟内完成参数更新。

（三）GNSS 地面控制系统的工作原理

1. 数据采集

监测站通过高精度接收机采集卫星信号的伪距、载波相位及多普勒频移数据，形成原始观测矩阵。该过程需满足时空基准的统一性要求，例如采用国际地球参考框架（ITRF）定义站坐标，通过氢原子钟实现纳秒级时间同步。数据采集需解决多路径效应与电离层延迟问题，现代监测站普遍采用双频接收机与相控阵天线技术，通过 L1/L2 频段观测值的电离层残差消除法，将伪距测量误差降至分米级，此外，监测站需实时监测气象参数（温度、气压、湿度），建立对流层延迟模型，进一步提升观测精度。

2. 参数解算

主控站基于监测数据构建卫星轨道动力学模型，采用数值积分法（如 Runge-Kutta 方法）计算卫星位置与速度。该过程需融合精密星历与广播星历数据，例如北斗系统通过广播星历提供米级精度轨道参数，同时利用精密星历（SP3 格式）实现厘米级轨道重构。时间同步方面，主控站通过星地双向法时间比对技术，消除卫星钟差与地面站钟差，典型系统如 GPS 的原子钟组采用 UTC（NIST）作为时间基准，通过卡尔曼滤波算法融合多源时间数据，将系统时间偏差控制在 10 纳秒以内。参数解算需满足实时性要求，例如北斗系统要求轨道参数更新周期不超过 6 小时。

3. 指令生成

主控站根据参数解算结果生成导航电文与控制指令。导航电文包含卫星轨道参数、钟差修正及大气延迟模型，需通过 BCH 编码与循环冗余校验（CRC）确保数据完整性。控制指令分为两类：长期指令如轨道机动规划，需通过高阶多项式拟合卫星轨道；短期指令如钟差修正，需采用分段线性插值法。指令生成需考虑系统容错性，例如北斗系统采用双机热备架构，当主控计算机发生故障时，备份系统可在 10 秒内接管控制权。此外，指令需通过注入站上行链路传输，采用 RS 编码与交织技术对抗信道噪声。

4. 上行注入

注入站通过 S/X 频段上行链路将指令传输至卫星，需解决功率受限与多普勒频移问题。例如 GPS 注入站采用 1000 瓦级高功率放大器，结合自适应编码调制（ACM）技术，在信道条件发生变化时动态调整数据速率。星间链路作为补充手段，通过 Ka 频段激光通信实现卫星间自主校准，北斗系统星间链路速率达 1 Gbps,可实现厘米级相对定位精度。上行注入需满足时间窗口约束,例如北斗系统要求注入误差小于 100 纳秒,为此采用双向时间同步协议,通过星载原子钟与地面站氢原子钟的精密比对,实现亚纳秒级时间同步。

六、GNSS 用户设备与技术指标

(一)GNSS 用户设备的基本概念

GNSS 用户设备是指能够接收和处理来自卫星导航系统的信号,并提供位置、速度和时间等信息的终端设备。这些设备广泛应用于交通运输、农业、测绘、军事、科学研究等领域,为人们的日常生活和工农业生产提供了极大的便利。GNSS 用户设备通常由天线单元、接收单元、处理单元以及用户接口等部分组成。各部分协同工作,共同实现导航和定位功能。

(二)GNSS 用户设备的主要类型

1. 手持式 GNSS 接收机

手持式设备以高便携性与低功耗为核心设计目标,典型代表如 Trim bleGeo 7X(如图 2-1 所示)。硬件层面采用单芯片多频段射频前端(如 u-blox F 9P),集成 L1/L2/L5 频段接收能力,支持 GPS、格洛纳斯、北斗等多系统兼容。信号处理采用实时动态差分(RTK)算法,通过载波相位观测值消除电离层延迟,实现厘米级定位精度。为适应户外复杂环境,设备集成三轴加速度计与电子罗盘,通过扩展卡尔曼滤波(EKF)融合惯性导航数据,在卫星信号遮挡场景下维持亚米级定位连续性,此外,手持式设备需满足 IP67 防护等级,配备高亮度电容触摸屏(如 5. 3 英寸 1 280×720 分辨率),支持离线地图存储(MicroSD 扩展至 64 GB)与蓝牙/Wi-Fi 数据传输,典型续航时间超过 8 小时(6 400 mAh 锂电池)。

图 2-1　手持式 GNSS 设备

2. 车载 GNSS 导航仪

车载设备强调实时性与多源信息融合，典型架构包括高通骁龙 8155 芯片组与博世 MMR 导航模块。硬件设计采用双频 GNSS 天线(L1/L5)与高精度陀螺仪(如 ADIS16470)，通过车辆总线(CAN/LIN)接入轮速传感器与方向盘转角信号。信号处理层面，设备采用紧耦合(TC)算法，将卫星定位与惯性测量单元(IMU)数据在卡尔曼滤波框架下融合，典型定位更新率达 100 Hz。为提升城市峡谷环境下的可用性，车载导航仪集成蜂窝网络 V2X 通信模块，通过路侧单元(RSU)接收差分修正信息，实现分米级定位精度，如图 2-2。此外，设备需支持高精度地图渲染，通过 OpenGLES3. 2 图形引擎实现三维路况可视化，典型显示延迟小于 50 纳秒。

图 2-2 车载 GNSS 设备

（三）GNSS 用户设备的工作原理

1. 信号接收

GNSS 信号接收通过天线阵列捕获卫星发射的射频信号，典型频率范围涵盖 GPSL1/L5、北斗 B1I/B2a 等频段。接收机射频前端采用低噪声放大器(LNA)与下变频器，将信号转换为 1～50 MHz 的中频信号。模数转换器(ADC)以高采样率(如 50～100 MSPS)对中频信号进行数字化，生成离散采样序列。信号捕获阶段，数字信号处理(DSP)单元通过快速傅立叶变换(FFT)实现载波多普勒频移的粗略估计，结合相关器阵列完成伪随机噪声码(PRN)的精确同步。

现代接收机采用多通道并行架构，例如 u-blox F9P 芯片可同时处理 12 个卫星信号，通过动态功率控制技术抑制邻道干扰，确保信号捕获灵敏度达到 -163 dBm。接收天线需满足右旋圆极化特性，典型增益为 28 dBi，以增强信号接收能力，此外，接收机需应对复杂电磁环境，通过抗干扰算法(如空域滤波与频域陷波)抑制带内干扰与带外阻塞信号。

2. 信号处理

信号处理阶段包括导航电文解调、伪距与载波相位观测值生成。导航电文通过 BPSK 调制载波信号，接收机通过相干解调与差分解码提取卫星轨道参数、钟差修正与电离层模型等信息。伪距观测值通过 PRN 码相位与本地时钟时间差计算，需考虑卫星钟差、电离层延迟与对流层延迟等误差项。

3. 位置解算

位置解算是 GNSS 用户设备的最终目标，通过伪距/载波相位观测值与卫星星历数据，计算用户三维坐标与钟差参数。构建伪距观测方程组，通过加权 LS 算法求解用户位置。

将用户位置、速度与钟差作为状态变量，通过预测—更新循环实现动态估计，典型滤波周期为 1 Hz。通过基线解算消除公共误差，实现厘米级精度，典型 RTK 算法收敛时间小于 10 分钟。

（四）GNSS 用户设备的关键技术指标

1. 定位精度

定位精度是 GNSS 设备的核心指标，其本质是观测误差的抑制与解算模型的优化。观测误差源于卫星轨道误差、电离层延迟、多路径效应及接收机噪声等，需通过误差修正模型与解算算法协同优化。误差修正依赖精密星历（如 IGS 产品）与对流层/电离层延迟模型，而解算算法则包括最小二乘法（LS）、卡尔曼滤波（KF）及粒子滤波（PF）。高精度应用需采用载波相位差分技术（RTK），通过双频观测与整数模糊度固定实现厘米级定位。未来，基于深度学习的解算算法将通过多源数据融合（如惯性导航、视觉定位）进一步提升精度与鲁棒性。

2. 灵敏度

灵敏度反映设备在弱信号环境下的捕获与跟踪能力，其提升依赖射频前端设计与信号处理算法创新。射频前端需采用低噪声放大器（LNA）、宽带滤波器及高动态范围 ADC，实现微弱信号的放大与数字化。信号处理算法则通过长积分时间相关器、FFT 辅助捕获及多通道并行处理，延长信号积累时间并扩展搜索空间。此外，基于压缩感知理论的稀疏信号重构算法，可进一步降低信号捕获的信噪比门限。未来，太赫兹频段与智能反射面（IRS）技术的融合，将为灵敏度提升开辟新路径。

3. 可靠性

可靠性是 GNSS 设备在关键应用中的核心需求，它的实现依赖完好性监测与硬件冗余设计。完好性监测通过接收机自主完好性监测(RAIM)算法,利用冗余观测值检测与排除故障卫星,确保定位结果的置信度。硬件冗余设计则包括双天线、双通道及备份电源系统,通过物理隔离与功能冗余提升系统容错能力。此外,基于区块链的分布式完整性验证机制,可实现多设备间的协同监测与数据共享,进一步提升可靠性。

第二节　高精度定位技术与方法

一、差分定位技术体系

(一)差分定位技术的分类

差分定位技术是一种提高定位系统精度的方法,通过计算基准站和流动站之间的测量差值来校正定位误差。

1. 位置差分

位置差分是最简单的差分定位方法。基准站将实时观测得到的三维坐标与已知精确坐标进行比较,得到位置改正数,并通过数据链发送给用户站。用户站接收到位置改正数后,将其加到自己观测得到的三维坐标上,从而得到修正后的坐标。

2. 伪距差分

伪距差分是目前应用最广泛的差分定位方法。基准站通过测量其到各可见卫星的伪距,并与利用已知坐标和卫星星历计算得到的几何距离进行比较,得到伪距改正数,然后,基准站将这些伪距改正数发送给用户站。用户站接收到伪距改正数后,将其加到自己观测得到的伪距上,从而得到修正后的伪距,进而解算出精确的位置。伪距差分的定位精度可以达到亚米级。

3. 载波相位差分(RTK)

载波相位差分(RTK)是最高精度的差分定位方法。与伪距差分不同,载波相位差分技术中基准站不直接传输伪距改正数,而是传输载波相位的原始观测量(如载波相位和伪距的组合观测量)。用户站接收到这些原始观测量后,与自身观测到的载波相位进行差分处理,从而消除或削弱共同误差,得到高精度的基线向量,进而解算出精确的位置。载波相位差分的定位精度可以达到厘米级甚至毫米级。

（二）差分定位技术的实现方式

1. 单基准站差分

单基准站差分定位是最基本的差分定位实现方式。它利用一个已知精确位置的基准站，通过数据链将差分改正数发送给用户站。用户站接收到差分改正数后，对其测量结果进行修正，从而提高定位精度。单基准站差分适用于用户站与基准站之间距离较近且通信链路可靠的情况。

2. 多基准站差分

多基准站差分是在单基准站差分的基础上发展起来的。用户站可以根据自身位置选择距离较近的基准站进行差分定位，从而提高定位精度和可靠性。多基准站差分适用于用户站分布范围较广且需要高精度定位的情况。

3. 网络差分

网络差分是一种基于连续运行参考站（CORS）网络的差分定位实现方式。它利用多个已知精确位置的参考站，通过网络实时采集和处理这些参考站的观测数据，生成虚拟的差分改正数，并通过互联网或移动通信网络将其发送给用户站。网络差分具有覆盖范围广、定位精度高、可靠性好等优点，适用于大规模高精度定位应用场景。

（三）差分定位技术的应用场景

1. 交通运输

交通运输领域对差分定位技术的需求集中于车辆导航、港口自动化及轨道交通。在车辆导航中，差分定位与惯性导航系统（INS）及高精度地图融合，形成多源冗余定位架构。该架构通过实时差分修正，在隧道、城市峡谷等 GNSS 信号遮挡环境下，仍可提供优于 0.1 米的横向定位精度，支持自适应巡航控制（ACC）与车道级导航。港口自动化场景中，差分定位技术结合 5G 通信与激光雷达，实现龙门吊与自动导引车（AGV）的厘米级定位，优化集装箱堆场作业效率。例如，在自动化码头，差分定位系统可确保 AGV 在密集货架间以毫米级精度完成货物搬运，显著降低碰撞风险。轨道交通领域，差分定位技术通过与轨道电路数据融合，实现列车运行的毫米级定位与速度监控，支撑列控系统（ATC）的安全冗余设计。

2. 工程测量

在变形监测中，差分定位系统通过长期观测值积累，构建地表形变的时间序列模型。例如，在大型桥梁与高层建筑监测中，差分定位可实现毫米级形变检测,预警潜在结构风险。施工放样场景中,差分定位与全站仪、激光扫描仪集成,形成自动化测量网络。该网络通过实时差分修正,将放样精度提升至厘米级,减少人工误差。无人机载差分定位系统通过与多光谱传感器融合,可生成高分辨率的三维地形模型,支持城市规划与灾害评估。

3. 农业

在农机导航中,差分定位系统通过 RTK(实时动态定位)技术,为拖拉机、播种机等设备提供厘米级导航精度。该技术可确保播种行距与施肥量的均匀性,减少 30%以上的种子与化肥浪费。变量作业场景中,差分定位与土壤传感器、作物长势监测设备集成,形成精准农业管理系统。该系统通过实时差分修正,根据土壤肥力与作物需求动态调整施肥量,提升资源利用效率。资源监测领域,差分定位技术结合无人机与多光谱遥感,实现农田水分、养分及病虫害的动态监测。无人机载差分定位系统通过与红外热成像传感器融合,可识别作物水分胁迫区域,指导精准灌溉。

二、多频多模融合定位

(一)多频多模融合定位的关键技术

1. 多系统时间同步与坐标转换

由于不同卫星导航系统的时间基准和坐标系统存在差异,因此在实现多频多模融合定位之前,需要进行时间同步和坐标转换。时间同步通常通过接收各系统的时间信号并进行校准来实现,而坐标转换则需要利用已知的转换参数将各系统的坐标统一到同一参考框架下。

2. 多频信号处理与融合

多频信号处理是多频多模融合定位的核心环节。由于不同频率的信号在传播过程中受到的干扰和衰减程度不同,因此需要对每个频率的信号进行独立的处理和分析。在此基础上,通过融合算法将来自不同频率的信号信息进行整合,以提取更精确的定位信息。

3. 模糊度固定技术

模糊度固定是高精度定位中的关键技术之一。在多频多模融合定位中,由于涉及多个系统和多个频率的信号,模糊度的固定变得更加复杂。然而,通过利用多频信号的冗余性和互补性,可以显著提高模糊度固定的成功率和精度。

（二）多频多模融合定位的实现方式

1. 硬件融合方式

硬件融合方式是指在接收机硬件层面实现多频多模信号的接收和处理。这种方式通常需要采用支持多频多模接收的专用芯片或模块，通过集成多个射频前端和信号处理单元，实现对来自不同系统和不同频率信号的并行处理。硬件融合方式的优点在于处理速度快、实时性好，但成本相对较高。

2. 软件融合方式

软件融合方式是指在接收机软件层面实现多频多模信号的融合处理。这种方式通常利用通用处理器或数字信号处理器（DSP）对接收到的多频多模信号进行后处理和分析。软件融合方式的优点在于灵活性高、成本低，但处理速度可能受到处理器性能的限制。

三、精密单点定位（PPP）技术

（一）PPP 技术的基本原理

PPP 技术的基本原理是基于 GNSS 观测数据，通过高精度处理算法实现单站定位。与传统单点定位（SPP）技术不同，PPP 技术利用精密卫星轨道和精密卫星钟差改正，以及单台卫星接收机的非差分载波相位观测数据进行单点定位，从而达到厘米级的精度。PPP 技术通过模型改正或参数估计的方法，精细考虑与卫星端、信号传播路径及接收机端有关的误差对定位的影响，这些误差通过高精度卫星轨道和钟差产品、双频接收机观测值组合以及模型校正或参数估计等方法进行消除或削弱，从而实现高精度定位。

（二）PPP 技术的关键技术

1. 精密卫星轨道和钟差产品

PPP 技术需要高精度的卫星轨道和钟差产品作为输入。这些产品通常由国际 GNSS 服务组织（IGS）等机构提供，包括精密星历和精密卫星钟差。精密星历的精度能够达到厘米级，而精密卫星钟差的精度优于 0.02 纳秒，这些高精度的轨道和钟差产品是实现 PPP 高精度定位的基础。

2. 双频接收机观测值组合

PPP 技术通常采用双频接收机进行观测，利用不同频率的观测值组合来消除电离层延迟的影响。双频接收机可以同时接收 L1 和 L2 两个频率的信号,通过组合这两个频率的伪距和相位观测值,可以形成无电离层伪距组合观测值和无电离层载波组合观测值,从而消除电离层一阶项对定位的影响。

3. 模型校正与参数估计

PPP 技术需要对 GNSS 导航定位过程中各种误差项进行精密处理。对于能够精确模型化的误差,如卫星天线相位中心的校正、各种潮汐的影响、相对论效应等,可采用模型校正的方法进行消除。对于不能够精确模型化的误差,如对流层延迟、接收机钟差等,通过加参数进行估计。PPP 技术一般采用非差观测模型,将测站/接收机坐标、接收机钟差、模糊度及对流层延迟作为未知参数,进行泰勒级数展开并保留一次项系数构造误差方程,然后用最小二乘原理求解参数。

(三)PPP 技术的实现流程

PPP 技术的实现流程包括数据采集、预处理、参数估计、滤波和后处理等环节。数据采集阶段,PPP 技术利用双频接收机接收来自多个 GNSS 卫星的信号,包括伪距和相位观测值等。预处理阶段,对观测值进行粗差剔除、周跳探测等处理,以提高数据质量。滤波阶段,通过卡尔曼滤波等算法对参数估计结果进行平滑处理,以提高定位精度和稳定性。后处理阶段,对定位结果进行质量评估和分析,包括精度评估、收敛时间分析等。

(四)PPP 技术的应用场景

1. 基础设施建设

PPP 技术在基础设施领域的应用,核心在于通过社会资本的专业化运营,提升项目全生命周期效率。在交通基础设施中,PPP 模式通过特许经营权授予,吸引社会资本参与高速公路、轨道交通的建设与运营。例如,城市地铁项目通过 PPP 引入社会资本,可实现设计、施工与运营的一体化管理,缩短建设周期并降低运维成本。能源基础设施领域,PPP 技术通过公私合作开发可再生能源项目(如风电、光伏),利用社会资本的技术优势与融资能力,加速清洁能源的规模化应用。水利基础设施中,PPP 模式通过 BOT(建设—运营—移交)形式,实现水库、水厂等项目的市场化运作,提升水资源利用效率。

2. 优化公共服务供给

公共服务领域对 PPP 技术的需求集中于教育、医疗与养老服务的供给侧结构性改革。在教育领域,PPP 模式通过公私合作办学,引入社会资本的资金与管理经验,提升教育资源配置效率。例如,国际学校与职业培训机构的建设,通过 PPP 实现土地、师资与资金的优化整合,满足多元化教育需求。医疗服务领域,PPP 技术通过特许经营或委托管理,推动公立医院与社会资本的合作,提升医疗服务质量。例如,综合医院通过 PPP 引入社会资本的医疗设备与信息化系统,实现诊疗流程的智能化升级。养老服务领域,PPP 模式通过公私合作建设养老社区,整合医疗、康复与护理资源,构建全生命周期的养老服务体系。

四、增强型定位方法

(一)增强型定位方法的基本概念

增强型定位方法是指通过引入地面基准站、伪卫星、传感器融合、差分定位等多种技术手段,对传统定位方法进行增强和改进,以提高定位精度、可靠性和鲁棒性的一种定位方法。与传统定位方法相比,增强型定位方法能够更充分地利用多种信息源,对定位过程中的误差进行更精细的校正和补偿,从而实现更高精度的定位。

(二)增强型定位方法的关键技术

1. 差分定位技术

差分定位技术是增强型定位方法中常用的技术手段之一。它通过引入地面基准站,对卫星信号进行实时监测和差分处理,消除或削弱卫星轨道误差、卫星钟差、电离层延迟、对流层延迟等误差项,从而提高定位精度。差分定位技术包括单差、双差和三差等多种实现方式,其中双差定位技术因其较高的精度和稳定性而得到广泛应用。

2. 伪卫星技术

伪卫星技术通过在特定位置放置发射与 GNSS 卫星信号相似的信号源,即伪卫星,来增强定位系统的覆盖范围和定位精度。伪卫星技术可以弥补 GNSS 卫星信号在室内、峡谷等复杂环境下的不足,提高定位系统的可靠性和鲁棒性。同时,伪卫星技术还可以与其他定位技术相结合,形成多源融合定位系统。

3. 传感器融合技术

传感器融合技术通过将来自不同传感器的观测数据进行融合处理,提高定位系统的精度和可靠性。在高精度定位中,常用的传感器包括惯性导航系统(INS)、视觉传感器、激光雷达(LiDAR)等。

4. 星基增强技术

星基增强技术通过在卫星上搭载额外的载荷或利用卫星间的链路，对GNSS信号进行增强处理，提高定位系统的精度和可靠性。星基增强技术可以弥补地面基准站覆盖范围的限制，实现全球范围内的高精度定位服务。同时，星基增强技术还可以与其他增强技术相结合，形成更加完善的增强型定位系统。

（三）增强型定位方法的实现途径

1. 硬件架构层面的多模态传感器融合

增强型定位方法的核心在于构建多模态传感器融合系统，通过激光雷达、视觉传感器、惯性测量单元（IMU）及全球导航卫星系统（GNSS）的协同工作，实现环境特征与运动状态的互补感知。激光雷达与视觉传感器的融合通过点云配准与特征提取算法，构建高精度三维环境模型，弥补GNSS在遮挡环境下的定位盲区，此外，超宽带（UWB）与蓝牙低功耗（BLE）等无线定位技术的引入，进一步扩展了多模态传感器的覆盖范围，形成全工况下的定位能力。

2. 算法模型层面的误差修正与状态估计

增强型定位方法通过误差建模与状态估计技术，消除传感器噪声与环境干扰对定位精度的影响。在误差建模方面，基于因子图优化的方法将传感器观测值、运动模型及环境先验信息编码为概率图模型，通过迭代优化求解全局最优定位状态。深度学习方法的引入为误差修正提供了新范式，例如卷积神经网络（CNN）可通过学习大规模定位数据中的误差分布规律，实现实时在线校准。

3. 系统集成层面的异构网络协同

增强型定位方法需通过异构网络协同，实现传感器数据的高效传输与处理。在通信层面，5G与Wi-Fi6等高速无线通信技术为多模态传感器数据的高带宽传输提供保障，同时低功耗广域网（LPWAN）技术（如LoRa）支持低成本、远距离的定位节点部署。在计算层面，边缘计算与云计算的协同架构通过将部分定位算法卸载至边缘设备，降低云端数据传输延迟，支持实时决策。例如，在自动驾驶场景中，车辆边缘计算单元可对激光雷达与视觉数据进行本地化处理，并将关键特征上传至云端进行全局地图匹配。此外，区块链技术通过分布式账本与智能合约，保障多主体协同定位中的数据安全与信任传递。

五、高精度定位误差抑制

(一)误差来源分析

1. 与卫星相关的误差

与卫星相关的误差主要包括卫星轨道误差、卫星钟差以及卫星天线相位中心偏差等。卫星轨道误差是指卫星实际位置与星历所给出位置之间的差异,这种差异会直接影响定位结果的准确性。卫星钟差则是指卫星上的时钟与地面标准时间之间的差异,由于卫星时钟的漂移和偏差,会使定位结果产生时间延迟误差。此外,卫星天线相位中心偏差也会引入定位误差。

2. 与信号传播相关的误差

与信号传播相关的误差主要包括电离层延迟、对流层延迟以及多路径效应等。电离层延迟是地球高层大气中的电离层对电磁波的折射效应导致的传播时间延迟。对流层延迟是由于地球低层大气中的对流层对电磁波的散射和折射效应造成的传播速度变化。多路径效应则是指电磁波在传播过程中受到周围环境反射和散射的影响,导致接收到的信号强度和相位发生变化,进而引入定位误差。

3. 与接收机相关的误差

与接收机相关的误差主要包括接收机钟差、接收机位置误差以及接收机天线相位中心偏差等。接收机钟差是指接收机上的时钟与地面标准时间之间的差异,这种差异同样会导致定位结果产生时间延迟误差。接收机位置误差是指接收机天线相位中心与其几何中心之间的偏差,这种偏差会直接影响定位结果的准确性。此外,接收机天线相位中心偏差也会引入定位误差。

(二)误差抑制方法

1. 模型改正法

模型改正法是通过建立误差改正模型,对观测值进行直接修正的方法。例如,对于电离层延迟和对流层延迟,可以建立相应的延迟改正模型。根据观测值和模型参数计算延迟改正量,从而对观测值进行修正。模型改正法的优点在于能够精确描述误差特性,但需要建立准确的误差模型。

2. 求差法

求差法是通过计算观测值之间的差异来消除或削弱误差的方法。例如,在差分定位中,通过计算基准站和用户站之间的观测值差异,可以消除或削弱卫星轨道误差、卫星钟差等共同误差项。求差法的优点在于实现简单,但需要确保基准站和用户站之间的观测值具有高度的空间和时间相干性。

3. 参数估计法

参数估计法是通过将误差项作为未知参数进行估计的方法。例如,在精密单点定位(PPP)中,将接收机钟差、对流层延迟等误差项作为未知参数进行估计,并通过最小二乘原理求解参数值。参数估计法的优点在于能够同时估计多个误差项,但需要确保观测值具有足够的冗余度。

4. 多源融合法

多源融合法是通过整合来自不同传感器和定位技术的信息,提高定位精度和可靠性的方法。例如,将 GNSS 定位结果与惯性导航系统(INS)或视觉传感器等观测数据进行融合处理,可以消除或削弱单一传感器观测数据中的误差和不确定性。多源融合法的优点在于能够充分利用多种信息源,提高定位系统的整体性能。

第三节　卫星导航在测绘中的应用

一、控制测量与基准建立

(一)卫星导航在控制测量中的应用

在大地测量控制网布设中,GNSS 技术使国家级控制网周期从数年缩短至数月,通过连续运行基准站网络实现跨板块高精度联测。城市三维控制网建立时,多频接收机与多路径抑制算法的结合,有效克服了玻璃幕墙反射干扰,在超高层建筑物密集区维持厘米级平面与高程控制精度。海洋控制测量领域,船载 GNSS 与浮标观测系统形成动态控制链,配合潮汐模型修正实现海岛礁盘控制点的无缝衔接。

特殊环境下的控制测量更能体现 GNSS 技术优势。在极地冰盖运动监测中,GNSS 接收机与冰雪浮标集成,通过实时动态定位技术追踪冰流速率的时空变化。矿山变形监测时,GNSS 基准站与边坡位移传感器组网,建立三维形变监测模型,预警精度达到亚毫米级。文化遗产保护领域,无人机搭载的 GNSS 模块与倾斜摄影系统协同,构建古迹毫米级三维控制模型,为修复工程提供精密空间基准。

GNSS/INS 紧耦合系统在隧道等 GNSS 信号遮蔽区域,通过惯性测量单元维持定位连续性，出洞后自动重捕获卫星信号实现控制网无缝延伸。多模GNSS接收机在复杂电磁环境中自动切换最优星座组合，确保控制点坐标解算的稳定性。量子导航技术的探索性实验，更在极端环境下展现出超越经典GNSS的抗干扰能力，为深空探测控制网的建立提供理论储备。

（二）卫星导航在基准建立中的应用

卫星导航系统通过连续观测地球自转参数与板块运动，使基准框架从静态定义转向动态维持。在国际地球参考框架（ITRF）的构建中，GNSS观测贡献了超过80%的测站位移数据，其毫米级年速率精度支持框架原点的精确更新。国家连续运行基准站网络作为ITRF的区域实现，通过区域地壳运动模型与全球框架对齐，确保国家坐标系统与国际基准的兼容性。在地震带基准点监测中，GNSS技术捕捉到震前地壳应变积累的微动态变化，为地震预测提供关键前兆信息。跨海大桥基准点系统通过GNSS/声学组合定位，在潮汐作用下维持桥墩控制网的几何稳定性。

二、地形图测绘与地物更新

（一）卫星导航在地形图测绘中的应用

在平面位置获取方面，卫星导航技术通过接收多颗卫星信号，直接解算接收机的三维坐标，无须依赖地面控制点。RTK技术通过基准站与流动站的载波相位差分，可实时获取厘米级定位结果，适用于地形起伏较大的区域。例如，在山地地形测绘中，传统方法需架设大量过渡点以克服通视障碍，而卫星导航技术可快速穿越复杂地形，直接获取特征点坐标，减少外业工作量。

高程数据采集是地形图测绘的关键环节。卫星导航系统通过联合大地水准面模型与重力场数据，可实现似大地高向正常高的转换。传统水准测量需逐级传递高程基准，而卫星导航技术可直接获取大地高，结合区域重力场模型（如EGM2008），可快速推算正常高，提升高程数据的精度与一致性。在平原、丘陵等区域，卫星导航高程测量精度可达分米级，满足1:500至1:2 000比例尺地形图的需求。

（二）卫星导航在地物更新中的应用

在道路交通要素更新中，卫星导航技术通过车载平台集成激光雷达、全景相机与定位模块，可快速获取道路中心线、车道线及交通标志的空间位置。例如，在高速公路改扩建项目中，MLS系统可沿道路行驶，结合卫星导航定位，生成厘米级精度的道路模型,用于更新地形图中的道路要素。此类技术还可检测道路病害(如裂缝、坑洼等),为养护决策提供数据支持。

建筑物与构筑物更新方面,卫星导航技术通过手持移动终端或背包式测量系统,可快速采集建筑物的轮廓、高度及属性信息。在城市化进程中,建筑物的增建与拆除频繁,传统方法难以实时跟踪变化,而卫星导航定位结合三维激光扫描技术,可生成建筑物的精细模型,用于更新地形图中的建筑要素,此外,通过对比历史数据与实时采集数据,可识别建筑物的非法扩建或违规改造。

植被覆盖与土地利用更新是地形图更新的重要内容。卫星导航技术通过无人机搭载多光谱相机,可获取植被指数与土地覆盖类型信息。结合卫星导航定位,可生成高分辨率的土地利用图,用于监测森林砍伐、湿地退化等环境变化。例如,在生态保护红线区域内,通过定期无人机巡查,可及时发现违规开发行为,为自然资源监管提供依据。

卫星导航在地物更新中的技术突破体现在多模态数据融合与智能化处理。通过结合光学影像、激光点云与定位数据,可构建地物的多层次表达模型。例如,在复杂城市环境中,建筑物轮廓可通过 LiDAR 点云提取,纹理信息通过光学影像获取,位置信息通过卫星导航定位,最终生成三维实景模型。此类模型不仅可用于地形图更新,还可为虚拟现实(VR)、增强现实(AR)应用提供基础数据。

三、形变监测与灾害预警

(一)卫星导航在形变监测中的应用

在地质灾害监测领域,卫星导航技术通过布设基准站与监测站,可连续获取地表位移数据。例如,在滑坡监测中,监测站安装于滑坡体关键部位,结合基准站的差分改正数,可实时解算滑坡体的三维形变。此类监测系统对滑坡的渐进式变形与突发性位移具有高灵敏度特性,能够捕捉到毫米级形变信号,为灾害预警提供关键数据。大坝、桥梁、高层建筑等大型工程在长期运营中易受荷载、环境等因素影响,产生结构性形变。卫星导航系统通过在结构关键部位布设监测点,可实时监测垂直位移、水平位移及倾斜变化。例如,在混凝土大坝监测中,监测点沿坝体高度与长度方向分布,结合温度、水位等环境参数,可分析形变的主导因素,评估大坝安全状态。在桥梁监测中,卫星导航技术可识别桥墩沉降、主梁挠度等形变参数,预警结构损伤风险。

（二）卫星导航在灾害预警中的应用

在地震预警中，卫星导航技术通过区域基准站网的联合观测，可实现地震波传播速度与震源参数的快速解算。地震发生时，基准站记录的地面形变信号通过卫星通信传输至数据中心，结合地震波传播模型，可提前数秒至数十秒发布预警信息。此类预警系统对人口密集区与关键基础设施具有显著减灾效益，例如，在高铁线路沿线布设卫星导航监测站，可实时评估地震对轨道结构的影响，触发列车紧急制动，避免次生灾害。

滑坡与泥石流预警是卫星导航技术的另一重要应用场景。通过在滑坡体与泥石流沟道布设监测点，结合实时降雨量与土壤含水量数据，可构建滑坡失稳的预警模型。例如，当监测点位移速率超过阈值且降雨强度达到临界值时，系统自动触发预警，通知相关部门采取疏散与防护措施。在洪水预警中，卫星导航技术通过监测河流两岸的位移变化，可识别堤防渗漏与溃决风险，为防洪调度提供决策依据。

人为灾害预警方面，卫星导航技术通过监测大型工程结构的形变与振动特征，可预警结构失效风险。例如，在桥梁监测中，当桥墩沉降速率超过设计允许值时，系统自动报警，提示进行结构加固。在矿难预警中，通过在矿井巷道布设监测点，可实时监测岩层位移与应力变化，识别冒顶、突水等灾害前兆。

四、海洋测绘与水下地形测量

（一）卫星导航在海洋测绘中的应用

在海洋大地控制网构建中，卫星导航技术通过分布式的基准站网络，实现了海上控制点的快速联测。例如，在近海区域，利用岸基基准站与船载流动站的差分定位，可快速获取控制点的三维坐标，精度优于分米级。在远海区域，PPP 技术通过接收多系统卫星信号，结合精密星历与钟差产品，可实现无基准站支持的厘米级定位，满足大洋海域大地控制网的建设需求。此类控制网为海图测绘、海底地形建模提供了统一的时空基准。

卫星导航在海洋测绘中的技术优势体现在多系统融合与抗干扰能力方面。现代卫星导航系统（如北斗三号）支持多频点观测，通过组合不同频段的信号，可有效抑制电离层延迟与多路径效应。例如，北斗 B1I 与 B3I 频点的组合观测，可将电离层延迟误差降低至厘米级，此外，卫星导航技术通过抗干扰天线设计与信号处理算法，可应对复杂海况下的信号遮挡与干扰，保障定位的连续性与稳定性。

（二）卫星导航在水下地形测量中的应用

在多波束测深作业中，卫星导航技术通过实时提供船舶位置与姿态数据，支持水下地形的全覆盖测量。例如，在港口航道维护中，船载GPS接收机与惯性导航系统（INS）组合，可消除船舶横摇、纵摇对测深数据的影响，生成高分辨率的水下地形图。此类地形图不仅包含水深信息，还融合了船舶航迹、声呐覆盖范围等空间信息，为航道疏浚、航标设置提供了决策依据。

卫星导航技术在浅海水下地形测量中发挥了重要作用。通过与侧扫声呐、浅地层剖面仪等设备的集成，可实现海底地貌与地质结构的综合探测。例如，在海岸带调查中，船载GPS接收机与侧扫声呐同步作业，可获取海底地形与底质类型数据，识别礁石、沙波等特征，为海洋生态保护与防灾减灾提供基础数据。

在深海区域，卫星导航技术通过与超短基线（USBL）或长基线（LBL）声学定位系统的组合，实现了水下潜器（如AUV、ROV）的高精度导航。例如，在深海热液喷口探测中，AUV搭载的GPS/INS组合导航系统与USBL声学定位系统协同工作，可实时获取AUV的位置与姿态，结合多波束测深数据，生成热液喷口周围的三维地形模型。此类模型为深海资源勘探与海洋科学研究提供了重要支撑。

第三章　遥感技术及其应用

第一节　遥感技术的基本原理与分类

一、遥感技术的物理基础

（一）电磁波理论与遥感技术

电磁波是由同相振荡且互相垂直的电场与磁场在空间中以波的形式传播而形成的电磁辐射。根据麦克斯韦方程组，随时间变化的电场会产生磁场，反之亦然，这种波动现象构成了电磁波的基本特性。电磁波谱涵盖了从伽马射线、X射线、紫外线、可见光、红外线、微波到无线电波等广泛范围，其中可见光波段（波长大约为380~780 nm）是人眼可感知的部分。

遥感技术正是基于电磁波在不同物体间的发射、吸收、反射和透射特性，实现对地表特性的远距离探测。自然界中的任意物体都具有发射、吸收、反射电磁波的能力，这些特性构成了遥感技术探测地表特性的物理基础。

（二）光学原理与遥感成像

1. 光的反射与漫反射

当电磁波遇到地面物体时，会根据地物的表面特性（如粗糙度、物理结构等）发生反射。光滑表面可能导致镜面反射，而粗糙表面则会导致电磁波的漫反射。漫反射在遥感中非常重要，因为只有漫反射才包含有关反射表面“颜色”的光谱信息。遥感传感器通过捕获这些反射光信号，实现对地表特性的探测。

2. 光的折射与散射

折射是电磁波在通过不同介质界面时传播方向发生改变的现象；散射是电磁波在遇到小微粒时传播方向发生改变，并向各个方向散开的现象。这些现象在遥感技术中同样具有重要意义，它们会影响遥感传感器接收到的电磁波信号的强度和方向，从而影响遥感图像的清晰度和准确性。

（三）物质与电磁辐射的相互作用

1. 物质的发射辐射

一切高于绝对零度的物体都会发射电磁辐射，其辐射强度与物体的温度、表面状况等因素有关。在遥感技术中，地表物体的发射辐射特性是热红外遥感的基础。通过测量地表物体的热辐射强度，可以反演其表面温度分布等信息。

2. 物质的吸收与反射

不同物体对于不同波段的电磁波存在着不同的吸收和反射特性。这些特性与物质的原子和分子结构、电子能级跃迁等因素有关。例如，某些物质在特定波段的电磁波照射下会发生电子能级跃迁，从而吸收该波段的电磁波；另一些物质则可能对该波段的电磁波具有较高的反射率。遥感技术正是利用这些特性，通过测量地表物体对电磁波的反射和吸收情况，实现对地表特性的探测。

3. 物质的透射特性

除了发射、吸收和反射外，物质还具有透射电磁波的能力。透射特性与物质的厚度、密度、组成等因素有关。在遥感技术中，虽然透射特性不是主要的探测手段，但在某些特定情况下（如水下遥感、地质勘探等），透射特性也具有重要的应用价值。

（四）遥感传感器的工作原理

1. 光学遥感传感器

光学遥感传感器通过捕获地表物体反射或发射的可见光或红外光等电磁波信号，并将其转换为电信号，实现对物体的远距离探测。这些电信号经过放大、滤波、模数转换等处理后，可以生成遥感图像或数据产品。光学遥感传感器具有高精度、高分辨率等优点，广泛应用于资源调查、环境监测等领域。

2. 微波遥感传感器

微波遥感传感器通过捕获地表物体反射或发射的微波信号，实现对地表特性的探测。微波信号具有较强的穿透能力，可以穿透云层、植被等障碍物，实现对地表特性的全天候、全天时探测。因此，微波遥感传感器在气象观测、地质勘探等领域具有重要的应用价值。

3. 其他类型遥感传感器

除了光学和微波遥感传感器外，还存在其他类型的遥感传感器，如激光雷达传感器、热红外传感器等。这些传感器具有不同的工作原理和探测波段,可以根据具体的应用需求进行选择。

(五)遥感技术的物理模型与算法

1. 辐射传输模型

辐射传输模型是描述电磁波在介质中传播和衰减过程的数学模型。在遥感技术中,辐射传输模型可以用于模拟地表物体对电磁波的反射、吸收和透射过程,从而预测遥感传感器接收到的电磁波信号的强度和方向。通过与实际观测数据进行对比和分析,可以反演地表物体的物理和化学属性等信息。

2. 反演算法

反演算法是遥感数据处理和分析的核心环节之一。它基于遥感传感器接收到的电磁波信号和辐射传输模型等物理基础,通过数学方法和计算机技术实现对地表物体物理和化学属性等信息的反演。

二、遥感平台与传感器原理

(一)遥感平台原理

1. 遥感平台的分类

根据运行高度的不同,遥感平台可以分为地面遥感平台、航空遥感平台和航天遥感平台。地面遥感平台如固定的遥感塔、可移动的遥感车、舰船等,主要用于近距离的地面观测;航空遥感平台如飞机、飞艇、气球等,可以在空中对地面目标进行较为灵活的观测。

2. 遥感平台的功能与要求

遥感平台需要具备稳定的对地定向能力,以确保传感器能够准确地对准目标区域进行观测。同时,遥感平台还需要提供合适的工作环境,如稳定的姿态控制、合适的电源供应、良好的热控系统等,以保证传感器能够正常工作并获取高质量的遥感数据。

3. 遥感平台的发展趋势

随着遥感技术的不断发展,遥感平台也在向着小型化、智能化、集成化的方向发展。小型化的遥感平台如微型卫星、无人机等,具有成本低、部署灵活等优点,能够在特定区域或应急情况下发挥重要作用。智能化的遥感平台则通过集成先进的导航、控制、通信等技术,实现了对观测任务的自主规划与执行。

(二)传感器原理

1. 传感器的组成与工作原理

传感器通常由敏感元件、转换元件、变换电路和辅助电源等部分组成。敏感元件是传感器的核心部件,它能够直接感知待测量的物理量或环境参数,如光强、温度、压力等。转换元件将敏感元件感知到的非电学量转换为电学量,如电压、电流等,以便进行传输、处理和分析。变换电路对转换后的电学量进行放大、滤波、模数转换等处理,以满足后续系统的需求。辅助电源则为传感器提供必要的电力支持。

2. 传感器的分类与特性

根据探测波段的不同,传感器可以分为紫外传感器、可见光传感器、红外传感器、微波传感器等类型。这些传感器具有不同的探测波段和特性,能够实现对地表特性的多波段、多角度、多时相的综合观测。

不同类型的传感器还具有不同的空间分辨率、光谱分辨率和时间分辨率等特性。空间分辨率决定了传感器能够区分地表物体细节的能力;光谱分辨率决定了传感器能够探测到的电磁波谱段的宽度和数量;时间分辨率则决定了传感器对同一区域进行重复观测的频率。

3. 传感器的发展趋势

随着遥感技术的不断发展,传感器也在向着高分辨率、多波段、智能化、集成化的方向发展。高分辨率的传感器能够捕获地表物体的更多细节信息,提高遥感数据的精度和可靠性;多波段的传感器能够实现对地表特性的多波段综合观测,提高遥感数据的丰富度和应用价值;智能化的传感器通过集成先进的信号处理、图像识别等技术,实现了对观测数据的自主处理与分析;集成化的传感器则将多种传感器集成在一起,实现了对地物特性的多源数据融合与综合分析。

(三)遥感平台与传感器的协同作用

遥感平台与传感器作为遥感技术的两大核心组成部分,它们之间存在着密切的协同作用关系。遥感平台为传感器提供了稳定的工作环境和观测条件,使其能够准确地捕获地表物体的电磁波信号。在实际应用中,遥感平台与传感器的协同作用对于提高遥感数据的获取质量与应用效果具有至关重要的作用。例如,在航空遥感中,飞机作为遥感平台能够提供较为灵活的观测角度和范围。同时,通过采用高分辨率、多波段的传感器和先进的图像处理、识别等技术,遥感平台能够实现对地表特性的更精细、更全面的探测与感知。

三、遥感技术分类体系

(一)按遥感平台分类

1. 地面遥感

地面遥感是指将传感器设置在地面平台上进行的遥感探测。地面平台包括车载、船载、手提、固定或活动高架平台等。地面遥感具有观测精度高、成本低、易于操作等优点,适用于小范围、高精度的地面观测任务。然而,由于地面平台受地形、气候等自然条件的限制,其观测范围相对有限。

2. 航空遥感

航空遥感是指将传感器设置在航空器上进行的遥感探测。航空器包括气球、航模、飞机等。航空遥感具有观测范围广、灵活性高、成本低等优点,适用于中等范围、快速响应的观测任务。然而,航空遥感受天气条件影响较大,且观测高度有限,可能无法获取地表物体的详细信息。

3. 航天遥感

航天遥感是指将传感器设置在航天器上进行的遥感探测。航天器包括人造卫星、宇宙飞船等。航天遥感具有观测范围大、观测高度高、观测周期短等优点,适用于大范围、长期、连续的观测任务。然而,航天遥感的成本较高,且技术难度较大。

4. 宇航遥感

宇航遥感是指将传感器设置在星际飞船等航天器上,对地—月系统之外的目标进行遥感探测。宇航遥感是遥感技术的前沿领域,目前仍处于探索阶段。

(二)按电磁波波段分类

1. 紫外遥感

紫外遥感是指利用紫外波段(0.05~0.38 μm)进行地物探测的遥感技术。紫外遥感主要用于探测地表物体的紫外辐射特性,如臭氧层空洞、大气污染等。然而,由于紫外波段在大气中的衰减较大,紫外遥感的观测范围相对有限。

2. 可见光遥感

可见光遥感是指利用可见光波段(0.38~0.78 μm)进行地物探测的遥感

技术。可见光遥感能够捕获地表物体的可见光反射特性,生成高分辨率的遥感图像。可见光遥感是遥感技术中应用最广泛的一种类型。

3. 红外遥感

红外遥感是指利用红外波段(0.78~1 000 μm)进行地物探测的遥感技术。红外遥感能够探测地表物体的热辐射特性,用于监测地表温度分布、植被覆盖度等信息。红外遥感具有昼夜工作能力,不受光照条件的限制。

4. 微波遥感

微波遥感是指利用微波波段(1 mm~1 m)进行地物探测的遥感技术。微波遥感能够穿透云层、植被等障碍物,实现全天候、全天时的地表观测。微波遥感在海洋遥感、地质遥感等领域具有重要应用,见表格 3-1。

表 3-1　不同波段在测绘领域中的应用

电磁波波段	波长范围	频率范围	典型应用	在海洋测绘/水下地形测量中的作用
无线电波长为	>1 mm	<300 GHz	卫星通信、雷达	卫星导航定位(如 GPS、北斗)、合成孔径雷达(SAR)、海面监测、海洋动力环境遥感
微波	1 mm~1 m	300~300 GHz	雷达、遥感	微波散射计、海面风场测量、微波辐射计、海面温度反演、干涉合成孔径雷达(InSAR)、海面高程测量
红外波段	780 μm~1 mm	300 GHz~385 THz	热成像、遥感	热红外海面温度测量、红外光谱分析、海水成分
可见光波段	380 μm~780 μm	385 THz~790 THz	光学成像、遥感	光学卫星海面观测、多光谱/高光谱遥感、海水水质监测、海洋生态遥感

(三)按传感器工作方式分类

1. 主动遥感

主动遥感是指传感器主动向被探测的目标物发射一定波长的电磁波,并接收目标物反射或散射回来的电磁波进行探测的遥感技术。主动遥感常用的传感器包括侧视雷达、微波散射计、雷达高度计和激光雷达等。主动遥感具有探测能力强、受天气条件影响小等优点,但成本较高且技术难度较大。

2. 被动遥感

被动遥感常用的传感器包括扫描仪、摄影机、摄像仪等。被动遥感具有成本低、易于操作等优点，但受天气条件影响较大。

（四）按遥感资料获取方式分类

1. 成像遥感

成像遥感能够直观地展示地表物体的形态和分布特征，是遥感技术中应用最广泛的一种类型。成像遥感常用的传感器包括多光谱扫描仪、多光谱摄影机、反束光导管摄像仪等。

2. 非成像遥感

非成像遥感是指传感器接收的目标电磁辐射信号无法转换为图像的遥感技术。非成像遥感通过获取地表物体的光谱辐射数据或物理参数等信息，实现对地表物体的定量分析和监测。非成像遥感常用的传感器包括光谱辐射计、散射计、高度计等。

四、遥感数据获取与处理

（一）遥感数据获取

1. 遥感平台与传感器

遥感平台是遥感数据获取的载体，包括地面平台、航空平台、航天平台和宇航平台等。不同平台具有不同的特点和适用范围，如地面平台适用于小范围、高精度的观测任务，航天平台则适用于大范围、长期、连续的观测任务。传感器是遥感数据获取的核心部件，其类型多样，包括光学传感器、雷达传感器、激光雷达传感器等。这些传感器能够接收不同波段、不同类型的电磁波辐射信息，为遥感数据获取提供多样化的选择。

2. 数据获取方式

遥感数据获取方式多种多样，遥感数据获取还可以根据是否成像分为成像获取和非成像获取两种方式。成像获取方式能够生成直观的遥感图像，便于后续处理和分析；非成像获取方式则主要获取目标物的光谱辐射数据或物理参数等信息。

3. 数据质量与影响因素

遥感数据的质量受到多种因素的影响，包括遥感平台的高度、传感器的性能、大气条件、地表特征等。其中,遥感平台的高度和传感器的性能是决定数据质量的关键因素。高度越高,观测范围越广,但空间分辨率可能降低;传感器性能越好,能够接收的电磁波波段越宽,数据质量越高。大气条件对遥感数据的影响主要表现为大气吸收、散射和辐射等作用,这些作用会导致遥感数据的辐射畸变和几何畸变。地表特征则会影响遥感数据的反射率和透射率等参数,从而影响数据的质量。

(二)遥感数据处理

1. 数据预处理

数据预处理是遥感数据处理的第一步,主要包括辐射定标、大气校正和几何校正等操作。辐射定标是将遥感影像的数字灰度值转换为表观辐射亮度图像的过程,为后续的大气校正和几何校正提供基础。大气校正是消除或减弱因大气传输过程中吸收或散射作用而引起的辐射畸变,提高遥感影像的准确性和可靠性。几何校正则是通过投影变换、目标空间平面位置校正以及不同遥感器影像间的几何匹配校正等工作,消除影像的几何畸变,使影像具有正确的地理坐标和投影方式。

2. 图像增强

图像增强是指通过一系列图像处理技术,提高遥感影像的可读性和视觉效果的过程。常用的图像增强技术包括彩色合成、直方图变换、密度分割、灰度颠倒、图像间运算、邻域增强和图像融合等。这些技术能够突出影像中的特定信息,如地物轮廓、纹理特征等,从而便于后续的分类和识别操作。

3. 图像分类与识别

图像分类与识别是遥感数据处理的核心环节之一,其目的是将遥感影像中的像元按照其光谱特征、空间特征等属性进行分类,提取出有用的信息。常用的图像分类方法包括监督分类和非监督分类两种。监督分类需要事先选择具有代表性的训练样本,通过训练样本的光谱特征等属性来确定分类规则;非监督分类则不需要事先选择训练样本,而是通过聚类分析等方法将像元分为不同的类别。图像识别是在图像分类的基础上,进一步识别出影像中的特定目标物,如建筑物、道路、水体等。

4. 数据处理软件与算法

随着遥感技术的不断发展,各种遥感数据处理软件和算法应运而生。这些软件和算法能够自动化地完成遥感数据的预处理、增强、分类和识别等操作,提高数据处理的效率和准确性。常用的遥感数据处理软件包括 ENVI、ER-

DAS、PCI 等,它们提供了丰富的数据处理功能和友好的用户界面。常用的遥感数据处理算法则包括主成分分析(PCA)、支持向量机(SVM)、随机森林(RF)等,这些算法能够有效地提取遥感影像中的有用信息。

第二节 遥感影像处理与分析技术

一、遥感影像预处理技术

(一)遥感影像预处理的主要技术

1. 辐射校正

辐射校正是遥感影像预处理中的关键技术之一,旨在消除或减弱影像中的辐射失真。辐射失真主要由传感器特性变化、大气散射和吸收、太阳光照条件等因素引起。辐射校正的方法多种多样,包括大气辐射校正和传感器辐射校正两大类。大气辐射校正旨在消除大气散射和吸收对影像的影响,使影像数据更接近地表的真实反射率。常用的方法包括暗像元法、大气辐射传输模型和经验线性回归法等。传感器辐射校正则旨在消除传感器特性变化对影像数据的影响,使不同时间、不同传感器获取的影像数据具有可比性。传感器辐射校正通常包括传感器定标和相对辐射校正两个步骤。通过辐射校正,可以显著提高影像的辐射质量和可比性,为后续的分析和应用提供可靠的数据基础。

2. 几何校正

几何校正是遥感影像预处理的另一个重要环节,旨在消除或减弱影像中的几何畸变。几何畸变主要由传感器视角、地球曲率、地形起伏等因素引起。几何校正的方法主要包括几何粗校正和几何精校正两种。几何粗校正通常利用传感器模型、姿态参数等信息对影像进行初步的几何校正;几何精校正则通过选取地面控制点(GCP),建立几何校正模型,对影像进行精确的几何校正。通过几何校正,可以显著提高影像的几何精度和地理定位准确性,为后续的空间分析和应用提供支持。

3. 影像增强

影像增强是遥感影像预处理中的一项重要技术,旨在提高影像的视觉效果和细节可见度。影像增强的方法多种多样,包括直方图均衡化、对比度拉伸、色彩增强等。直方图均衡化通过调整影像的灰度直方图,使影像的灰度分布更加均匀,从而增强影像的对比度;对比度拉伸通过扩展影像的灰度范围,提高影像的亮度差异,从而突出影像中的细节信息;色彩增强则通过调整影像的色彩参数,使影像的色彩更加鲜明、生动。通过影像增强技术,可以显著提高影像的可读性和视觉效果,为后续的分类和识别操作提供支持。

4. 噪声滤波

噪声滤波是遥感影像预处理中的一项重要任务,旨在消除或减弱影像中的噪声干扰。噪声干扰主要由传感器噪声、大气干扰、传输误差等因素引起。噪声滤波的方法多种多样,包括中值滤波、高斯滤波、均值滤波等。中值滤波通过选取邻域内像素的中值作为输出像素值,可以有效地消除椒盐噪声等脉冲噪声;高斯滤波通过加权平均邻域内像素的值,可以有效地平滑影像中的噪声;均值滤波则通过计算邻域内像素的平均值作为输出像素值,也可以起到平滑噪声的作用。然而,需要注意的是,噪声滤波在消除噪声的同时也可能损失影像中的细节信息,因此需要根据实际情况选择合适的滤波方法和参数。

5. 影像融合

影像融合的方法多种多样,包括像素级融合、特征级融合和决策级融合等。像素级融合是将不同来源的遥感影像在像素级别上进行融合,生成新的影像;特征级融合是提取不同来源遥感影像的特征信息,在特征级别上进行融合;决策级融合则是根据不同来源遥感影像的分类和识别结果,在决策级别上进行融合。通过影像融合技术,可以充分利用各种遥感数据的优势,提高信息的完整性和准确性,为后续的分析和应用提供支持。

(二)遥感影像预处理的流程与方法

1. 几何校正

几何校正通过建立影像坐标与地理坐标的映射关系,消除因传感器成像特性及地球曲率等因素导致的几何畸变。其技术流程涵盖地理编码、地理参照与图像配准三个层次。地理编码通过统一坐标系转换实现影像的初步定位,地理参照依赖地面控制点(GCP)建立局部坐标转换模型,而图像配准则以基准影像为参照对多源影像进行空间对齐。

2. 辐射校正

辐射校正旨在消除传感器响应特性及大气散射对影像辐射值的影响,其技术体系包括辐射定标与大气校正两个维度。辐射定标通过建立数字量化值(DN)与物理量(如辐射亮度、反射率)的转换关系,实现影像的物理化表达。例如,在传感器定标中,需考虑传感器的光谱响应函数、增益系数及暗电流等参数,将 DN 值转换为辐射亮度值;大气校正是辐射亮度或者表现观反射率转换为地表实际反射率,以消除因大气散射、吸收、反射引起的误差。

3. 图像融合

图像融合通过整合低分辨率多光谱影像与高分辨率全色影像的光谱与空间信息,生成兼具高光谱分辨率与高空间分辨率的融合影像。其技术实现需解决光谱畸变与空间失配两大难题。例如,Gram-Schmidt 变换法通过正交化处理消除融合过程中的光谱扭曲,而小波变换法则能在不同尺度上实现光谱与空间信息的分离与融合。

二、影像增强与特征提取

(一)影像增强技术

1. 辐射增强

辐射增强聚焦于影像灰度级的动态范围调整,以解决原始影像中存在的亮度分布不均问题。直方图均衡化通过非线性拉伸灰度级,使影像的灰度概率密度函数趋于均匀分布,从而增强整体对比度;直方图规定化则通过指定目标直方图,实现影像灰度级的定向调整,适用于特定地物特征的凸显。对数变换与指数变换作为灰度级线性拉伸的扩展形式,分别通过压缩高灰度级与扩展低灰度级,适应不同地物目标的辐射特性差异。辐射增强技术的本质在于通过灰度级重映射,强化影像中目标与背景的辐射差异,为后续特征提取提供更优的辐射基础。

2. 空间增强技术

空间增强技术针对影像的空间频率特征进行优化,通过滤波处理实现边缘锐化与噪声抑制的双重目标。拉普拉斯算子作为二阶微分滤波器,通过检测灰度级突变区域,实现边缘信息的强化表达;高斯—拉普拉斯(LoG)算子则结合高斯平滑与拉普拉斯锐化,在抑制噪声的同时保留边缘细节。空间域滤波与频率域滤波的互为映射关系,揭示了空间增强技术的物理本质:低通滤波通过抑制高频噪声实现影像平滑,高通滤波则通过增强高频分量实现边缘提取。空间增强技术的关键在于滤波器设计与参数优化,需根据影像的空间分辨率、噪声水平及目标特征,动态调整滤波尺度与方向选择性。

3. 多光谱增强技术

多光谱增强技术针对多光谱影像的光谱冗余与信息互补特性,通过波段运算与融合处理实现光谱信息的优化配置。主成分分析(PCA)通过正交变换提取影像的主成分,在保留主要信息的前提下实现数据降维;缨帽变换(K—T变换)则通过构建与植被、土壤等目标相关的变换系数,实现光谱信息的定向增强。假彩色合成作为典型的多光谱增强方法,通过不同波段的组合映射,生成符合人眼视觉特性的伪彩色图像,显著提升目标地物的辨识度。多光谱增强技术的核心在于光谱维度的信息重组,需平衡信息保留与数据压缩的矛盾,以实现光谱信息的最大化利用。

(二)特征提取技术

1. 光谱特征

光谱指数作为典型的光谱特征参数,通过特定波段的组合运算,实现植被、水体、土壤等目标的定向增强。例如,归一化植被指数(NDVI)通过近红外与红光波段的差值归一化处理,有效抑制大气与土壤背景的影响,成为植被覆盖度监测的核心指标。光谱特征提取的关键在于波段选择与运算模型设计,需根据目标地物的光谱响应特性,动态调整波段组合与运算形式,以实现光谱特征的最优表达。

2. 纹理特征

灰度共生矩阵(GLCM)作为典型的纹理特征提取方法,通过统计影像中灰度级对的空间相关性,构建包含能量、熵、对比度等参数的纹理特征向量。分形维数与小波变换则从不同尺度分析影像的纹理复杂度,实现多尺度纹理特征的提取。纹理特征提取的本质在于从空间维度挖掘影像的统计规律,需平衡局部纹理细节与全局结构信息的提取,以实现纹理特征的有效表征。

3. 形状特征

边界跟踪与链码表示作为典型的形状特征提取方法,通过提取目标地物的轮廓信息,构建包含周长、面积、矩形度等参数的形状特征向量。傅立叶描述子与小波描述子则通过频域变换实现形状特征的压缩与表达,适用于复杂形状目标的特征提取。形状特征提取的关键在于轮廓检测与形状描述的精度控制,需根据目标地物的几何特性,动态调整检测算法与描述模型,以实现形状特征的高效提取。

4. 空间关系特征

拓扑关系与度量关系作为空间关系特征的核心内容,分别描述地物目标之间的邻接性与距离性。空间关系特征的提取需结合影像的空间分辨率与地物目标的分布密度,通过构建空间关系网络或空间统计模型,实现空间关系特征的有效表征。空间关系特征提取的本质在于从空间维度挖掘地物目标的关联规律，需平衡局部空间关系与全局空间结构的提取，以实现空间关系特征的系统性表达。

三、多源数据融合技术

（一）多源数据融合技术的分类与层次

1. 数据级融合

数据级融合是最底层的融合层次，它在原始数据层面进行融合。在遥感影像处理中，数据级融合通常涉及对遥感影像的像素级融合。例如，将不同传感器获取的遥感影像进行几何配准和辐射校正后，直接对影像的像素值进行加权平均、主成分分析等操作，生成新的融合影像。数据级融合的优点是保留了尽可能多的原始信息，具有最高精度，但缺点是处理的数据量大，实时性差，且对传感器的配准精度要求较高。

2. 特征级融合

特征级融合是在原始数据中提取特征信息后进行融合。在遥感影像处理中，特征级融合可以从遥感影像中提取边缘、形状、纹理、光谱等特征信息，然后对这些特征信息进行综合分析。例如，可以使用主成分分析、稀疏表示、神经网络模型等方法对提取的特征信息进行融合，生成包含特征信息的融合图像。特征级融合的优点是处理的数据量较小，实时性较好，且能够提取更具代表性的特征信息，但缺点是可能会丢失一些原始数据中的细节信息。

3. 决策级融合

决策级融合是在每个数据源经过初步分类或识别后，对来自不同数据源的信息进行融合。在遥感影像处理中，决策级融合可以基于不同传感器获取的影像进行地物分类或识别，然后将分类或识别的结果进行融合。例如，可以使用贝叶斯推理、Dempster—Shafer 理论、模糊集合等方法对分类或识别的结果进行融合，生成最终的决策信息。决策级融合的优点是具有很强的容错性和开放性，处理时间短、数据要求低、分析能力强，但缺点是对预处理和特征提取的要求较高。

四、影像分类与模式识别

（一）影像分类技术的内涵

影像分类是指根据遥感影像中像元的光谱、纹理、空间结构等信息，将其划分为不同的类别或类型。这一过程是遥感影像解译的基础，也是实现遥感影像信息提取和应用的前提。影像分类的目的是将影像中的像素按照地物类别进行划分，如森林、草地、湖泊、城镇等，从而为后续的地理空间分析、环境监测、资源调查等提供基础数据。

（二）影像分类方法的分类

1. 监督分类

监督分类是一种在分类过程中需要先验知识的分类方法。它要求用户首先选择一定数量的训练样本，这些样本需要被准确地标注为已知的类别，然后，通过计算训练样本的统计特征（如均值、方差、协方差等），建立分类判别函数。最后，利用这个判别函数对整个影像进行分类。常见的监督分类算法有最大似然分类、最小距离分类、支持向量机（SVM）分类等。监督分类的优点是分类精度高，但需要用户具备先验知识，且训练样本的选择和标注过程较为烦琐。

2. 非监督分类

非监督分类是一种在分类过程中不需要先验知识的分类方法。它根据影像中像元的光谱、纹理等特征，利用聚类算法将像元划分为不同的类别。常见的非监督分类算法有 K 均值聚类、ISODATA 聚类等。非监督分类的优点是无须先验知识，可以自动发现影像中的地物类别，但其分类结果可能受到影像噪声、地物复杂性等因素的影响，导致分类精度相对较低。

3. 面向对象的分类方法

面向对象的分类方法是一种基于对象而非单个像素的分类方法。它将影像中的像素划分为具有一定大小和几何形状的矢量对象，然后利用对象的光谱、纹理、形状等特征进行分类。面向对象的分类方法能够克服基于像素的分类方法在处理高分辨率影像时容易出现的“椒盐效应”问题，提高分类精度。常见的面向对象的分类算法有多分辨率分割、最近邻分类等。

（三）模式识别技术在影像分类中的应用

1. 特征提取

特征提取是模式识别中的关键步骤之一。在遥感影像分类中，特征提取是指从影像中提取出能够表征地物类别本质属性的参数或属性，如光谱特征、纹理特征、形状特征等。在森林类型识别中，可以利用植被指数（如 NDVI）作为光谱特征；在城市用地类型识别中，可以利用建筑物的形状和纹理特征。特征提取的准确性和全面性直接影响后续分类的精度和效果。

2. 分类器设计

分类器是模式识别系统的核心组件,它根据提取的特征将输入数据分类到预定的类别中。在遥感影像分类中,分类器的设计至关重要。常用的分类器算法包括决策树、朴素贝叶斯、支持向量机(SVM)、神经网络等。其中,深度学习技术的兴起为分类器设计带来了新的思路和方法。例如,卷积神经网络(CNN)在遥感影像分类中表现出色,能够自动学习影像中的复杂特征,提高分类精度。分类器的设计需要考虑算法的复杂性、计算效率、分类精度等多个因素。

3. 分类决策

分类决策是指利用分类器对提取的特征进行分类的过程。在遥感影像分类中,分类决策的结果直接影响后续应用的效果。分类决策的方法取决于分类器的类型。例如,在基于决策树的分类中,分类决策是通过比较不同节点的特征值来实现的;在基于支持向量机的分类中,分类决策是通过计算样本点到分类超平面的距离来实现的。分类决策的准确性受到特征提取、分类器设计等多个环节的影响。

五、变化检测与动态监测

(一)变化检测的方法与技术

1. 基于像素的变化检测

基于像素的变化检测是最直接和简单的方法,它通过对不同时间获取的遥感影像进行像素级的比较,识别出发生变化的区域。常用的基于像素的变化检测方法包括差值法、比值法、变化矢量分析法(CVA)等。CVA 方法通过计算多个波段的变化向量,综合考虑多个波段的信息来提高变化检测的精度。首先,基于像素的变化检测容易受到影像配准误差、辐射校正不完全等因素的影响,导致误检和漏检。其次,基于像素的变化检测无法充分利用影像中的空间信息和上下文信息,难以准确识别复杂地物的变化。

2. 基于特征的变化检测

基于特征的变化检测通过提取影像中的特征信息(如纹理、形状、边缘等),然后对这些特征信息进行比较和分析来识别地表变化。这种方法能够克服基于像素的变化检测的局限性,提高变化检测的精度和鲁棒性。常用的基于特征的变化检测方法包括纹理特征比较法、形状特征比较法等。特征提取过程需要选择合适的算法和参数，特征提取和比较过程需要较高的计算资源，处理效率相对较低。

3. 面向对象的变化检测

面向对象的变化检测是一种更高级的变化检测方法，它将影像分割为多个对象（如建筑物、树木、水体等），然后对这些对象进行比较和分析，来识别地表变化。这种方法能够充分利用影像中的空间信息和上下文信息，提高变化检测的精度和准确性。常用的面向对象的变化检测方法包括多尺度分割、对象特征提取与比较等。面向对象的变化检测方法在处理高分辨率遥感影像时表现出色，能够准确识别复杂地物的变化。然而，这种方法也存在一些局限性，如分割算法的选择和参数设置对结果影响较大，处理效率相对较低等。

（二）动态监测的实现与流程

1. 数据预处理

数据预处理是动态监测的第一步，它包括对遥感影像的几何校正、辐射校正、影像配准等操作。几何校正用于消除影像中的几何畸变，使影像中的地物位置与实际地理位置相一致。辐射校正用于消除影像中的辐射误差，使影像中的像素值能够真实反映地物的反射特性。影像配准用于确保不同时间获取的影像在空间上的一致性，以便进行准确的变化检测。

2. 变化检测

变化检测是动态监测的核心环节，它通过对预处理后的遥感影像进行比较和分析，识别出地表覆盖和土地利用的变化。变化检测的方法和技术如前文所述，可以根据具体的应用场景和数据类型选择合适的方法。

3. 变化信息提取与分析

变化信息提取与分析是动态监测的最后一步，它通过对变化检测结果进行进一步处理和分析，提取出有价值的信息，并揭示地表变化的时空规律和趋势。变化信息提取可以采用手工数字化、屏幕数字化、图像自动分类等方法。变化信息分析则可以采用统计分析、空间分析、时间序列分析等方法，对变化信息的类型、分布、趋势等进行深入研究。

六、三维建模与可视化

（一）三维建模的基本概念与技术体系

三维建模是指利用计算机技术，将现实世界中的物体或场景以三维的形式进行数字化表示的过程。在遥感影像处理中，三维建模技术通过处理和分析遥感影像数据，提取出地表的地形、地物信息，进而构建出真实世界的三维模型。这一技术体系涵盖了从数据获取、预处理、特征提取到模型构建、纹理映射、优化渲染等多个环节。

在数据获取阶段，遥感卫星、无人机、激光雷达等传感器平台提供了丰富的高分辨率影像数据，这些数据是三维建模的基础。预处理环节包括对影像数据进行辐射校正、几何校正、影像配准等操作，以确保数据的准确性和一致性。特征提取是三维建模的关键步骤，它利用图像处理算法提取出影像中的地形地物轮廓、纹理等信息，为后续的模型构建提供基础。

（二）三维建模的主要方法与技术路线

1. 基于立体像对的三维建模

该方法利用同一地区不同视角的影像对，通过立体匹配算法提取出影像中的同名点，进而计算出这些点的三维坐标，构建出地形或地物的三维模型。这种方法适用于地形起伏较大、地物特征明显的区域，但受影像分辨率、拍摄角度等因素的影响较大。

2. 基于点云数据的三维建模

激光雷达（LiDAR）等传感器能够直接获取地表的三维点云数据，这些数据包含了地表的高程、反射强度等信息。通过点云数据的配准、滤波、分割等操作，可以构建出高精度的三维模型。该方法具有非接触、高精度、高效率等优点，但设备成本较高。

3. 基于影像匹配的三维建模

该方法利用多源遥感影像数据，通过影像匹配算法提取出影像中的特征点或特征线，进而计算出这些特征的三维坐标，构建出地形或地物的三维模型。这种方法适用于大范围、多源数据的三维建模，但受影像质量、匹配算法等因素的影响较大。

4. 基于深度学习的三维建模

随着深度学习技术的不断发展，基于深度学习的三维建模方法逐渐成为研究热点。该方法利用卷积神经网络（CNN）、生成对抗网络（GAN）等深度学习模型，直接从遥感影像中学习到地形、地物的三维结构信息，进而构建出三维模型。这种方法具有自动化程度高、适应性强等优点，但模型训练需要大量的标注数据和高性能的计算资源。

（三）三维可视化技术及其实现方式

1. 渲染引擎技术

渲染引擎是三维可视化技术的核心，它负责将三维模型、纹理、光照等信息进行渲染，生成逼真的图像或动画。目前，常用的渲染引擎包括 OpenGL、DirectX、Cesium 等。这些渲染引擎支持多种光照模型、材质纹理、阴影效果等，能够生成高质量的三维可视化效果。

2. 虚拟现实技术

虚拟现实技术是一种能够模拟真实世界环境的技术，它利用头盔、显示器、手柄等交互设备，使用户能够身临其境地体验三维模型。在遥感影像处理中，虚拟现实技术可以用于模拟城市规划、灾害评估等场景，为用户提供更加直观、真实的交互体验。

3. 增强现实技术

增强现实技术是一种将虚拟信息叠加到真实世界中的技术，它利用摄像头、显示屏等交互设备，将三维模型、文字、图像等虚拟信息叠加到用户的视野中。在遥感影像处理中，增强现实技术可以用于展示地形地貌、地物分布等信息，为用户提供更加便捷、实用的交互体验。

第三节　遥感在环境监测、资源调查中的应用

一、大气环境监测

（一）大气成分监测的关键应用

1. 气溶胶监测

气溶胶作为大气污染的重要载体，其光学特性与微物理参数直接关联空气质量。高分辨率卫星搭载的多光谱传感器（如 MODIS、VIIRS）通过 0.47～2.13 μm 波段组合，可同时反演气溶胶光学厚度（AOD）和粒径分布。例如，中国科学家利用 HJ-1A/B 卫星数据建立的 AOD 反演模型，在京津冀地区实现了 $PM_{2.5}$ 浓度的空间化估算，相关系数达 0.82。激光雷达技术进一步突破了空间覆盖限制，通过 0.532 μm 和 1.064 μm 双波长探测，可获取气溶胶垂直廓线，分辨率达 30 米，为灰霾成因解析提供关键数据。

2. 臭氧层监测

臭氧垂直分布监测采用臭氧总量光谱仪（TOMS）和微波临边探测器（MLS）协同作业。TOMS 通过 250～340 nm 紫外波段观测，可获取臭氧总量柱浓度，空间分辨率达 50 km；MLS 则利用 9.6 μm 红外吸收特征，实现 12～50 km 高度范围内臭氧体积混合比的垂直剖面测量。这种组合观测有效揭示了南极臭氧空洞的动态演变，其年度最大空洞面积与 MLS 观测的极地平流层云（PSC）分布呈现强相关性。

3. 温室气体监测

高光谱卫星（如 GOSAT、OCO-2）搭载的傅立叶变换光谱仪，通过 2.06 μm CO_2 吸收带和 1.61μm CH_4 吸收带，实现了温室气体柱浓度的 0.5%精度测量。中国自主研发的碳卫星（TanSat）采用 0.76 μm 和 1.61 μm 双波段设计，在东亚地区获取的 CO_2 浓度数据与地面 TCCON 站点的偏差小于 1.4 ppm。这些观测为碳循环模型验证提供了关键约束，显著提升了区域碳源汇估算的可靠性。

（二）污染事件应急监测的突破

1. 沙尘暴监测

多源遥感数据融合技术极大提升了沙尘暴的监测能力。FY-4A 静止卫星的可见光红外扫描辐射计（VIRR）每 15 分钟获取一次图像，结合 CALIPSO 星载激光雷达的垂直探测能力，可实时追踪沙尘气溶胶的传输路径。例如，2021 年蒙古国强沙尘暴事件中，通过 MODIS 与 CALIPSO 协同观测，准确刻画了沙尘从源区到华北平原的 60 小时传输过程，空间定位误差小于 50 km。

2. 有害气体泄漏监测

高光谱成像技术突破了传统点式监测的局限性。AVIRIS-NG 机载成像光谱仪在 0.4～2.5 μm 波段范围内获取 384 个连续光谱通道，可识别 CH_4、SO_2 等 20 余种气体。2019 年美国 AlisoCanyon 储气库泄漏事件中，该设备在 3 000 米高空实现了 0.3 m^3/s 的甲烷泄漏速率估算，与地面差分吸收激光雷达（DIAL）的测量结果偏差小于 8%。

3. 秸秆焚烧监测

热红外遥感在农业面源污染监测中发挥重要作用。Himawari-8 静止卫星的 AHI 传感器通过 10.4 μm 和 12.3 μm 双通道观测，可区分地表温度与焚烧火点。中国环境监测总站建立的火点识别算法，在 2023 年秋收季成功监测到长江中下游地区 2.3 万个焚烧点，空间定位精度达 1 km，为区域空气质量预警提供了及时支撑。

二、水环境监测

(一)水体污染源识别的多尺度分析

1. 农业面源污染监测

结合多光谱与高光谱数据,通过分析700~900 nm波段的植被红边参数变化,可解析农田排水沟渠中氮磷营养盐的时空分布。无人机搭载的微型高光谱传感器将空间分辨率提升至0.5米。在长三角某农业示范区的监测中,成功识别出化肥施用后24小时内径流中的氮素浓度峰值。

2. 城市黑臭水体监测

被污染水体在450 nm和680 nm波段的反射率显著低于清洁水体,这种差异被用于构建黑臭指数(BSI)。结合Landsat8的30米空间分辨率影像,可实现城市建成区黑臭水体的快速筛查,其召回率在2022年住建部全国普查中达92%。合成孔径雷达(SAR)技术进一步突破光学遥感的气象限制,Sentinel-1的C波段VV极化数据在暴雨条件下仍能识别油膜与水体的介电常数差异,实现对海洋溢油事故的应急监测。

(二)水生态系统的动态监测技术体系

1. 水生植被监测

多光谱影像的归一化差异水体指数(NDWI)与增强型植被指数(EVI)被用于提取沉水植被的覆盖度变化,而高光谱数据的红边参数(680~750 nm波段)可解析浮游植物的群落结构。例如,利用AVIRIS-NG成像光谱仪的224个连续波段,可区分蓝藻、硅藻等6类优势藻种,其分类准确率在实验室条件下达91%。在滇池的长期监测中,结合MODIS的8天合成影像,构建了叶绿素a浓度与蓝藻水华面积的动态模型,其预测提前量达7~10天。

2. 水生生物监测

SAR技术的后向散射系数与鱼类群落密度呈现显著相关性,Sentinel-1的VV极化数据在浅海区域(水深<20米)的鱼类生物量估算中,与声学调查数据的决定系数(R^2)为0.76。光学遥感通过分析水体荧光特性(如叶绿素荧光峰在685 nm的发射强度),可间接推算浮游植物的生产力。在北极海域的监测中,结合OCEANCOLOUR-CCI数据集,实现了初级生产力的季节性变化模拟。

（三）水灾害监测的时空协同观测

1. 洪水监测

光学卫星（如 GF-1/2）的 16 米分辨率影像可快速提取洪水淹没范围，而 SAR 卫星（如 Radarsat-2）的 InSAR 技术通过干涉相位分析，可获取洪水期间地表微小形变（毫米级）。在 2021 年郑州“7·20”特大暴雨灾害中，融合 12 颗卫星的 36 景影像，结合水文模型模拟，实现了洪水演进过程的 4D 重建，其淹没范围误差小于 5%。无人机群（UAVSwarm）的协同观测进一步提升了应急响应能力，某次山洪灾害中，6 架无人机在 30 分钟内完成了 15 平方千米区域的洪水三维建模，空间分辨率达 5 厘米。

2. 干旱监测

MODIS 的 TVDI（温度植被干旱指数）通过地表温度与归一化植被指数（NDVI）的散点图拟合，可解析土壤水分胁迫程度。在非洲萨赫勒地区的监测中，结合 GRACE 重力卫星的陆地水储量变化数据，构建了干旱指数（DI），其与农业产量的相关性为-0.68。微波遥感技术（如 SMAP）的 L 波段辐射计可直接测量土壤表层水分。

三、土地资源调查

（一）土地覆盖变化的动态监测技术体系

土地覆盖变化监测依赖多时相影像的对比分析。Landsat 系列卫星自 1972 年以来的连续观测数据，构建了全球最长时序的土地覆盖变化数据库。通过计算归一化差异变化指数（NDCI），可检测森林砍伐、城市扩张等变化事件。例如，在亚马孙雨林的监测中，结合 1984—2023 年的 Landsat 影像，发现其森林覆盖面积年平均减少 0.28%，这种长期监测为全球碳循环研究提供了基础数据。

（二）土地动态监测的时空序列分析

土地动态监测依赖多时相遥感影像的对比分析。MODIS 的 250 米分辨率影像通过归一化差异指数（NDVI）的时间序列分析，可监测全球植被覆盖的年际变化，其与地面观测数据的 R^2 值在 2022 年达 0.87。在长江经济带的监测中，结合 Landsat 系列卫星的 30 年数据，构建了土地利用转移矩阵，揭示了耕地向建设用地的转化规律。

（三）土地退化与恢复评估的指标体系

土地退化评估依赖多维度指标的协同分析。土壤侵蚀监测通过 RUSLE（通用土壤流失方程）与遥感数据的耦合，实现了土壤侵蚀模数的空间化估算。在黄土高原的监测中，结合 ASTERGDEM 的坡度数据与 MODIS 的植被覆盖度，其侵蚀强度分级与实地观测的吻合度极高。荒漠化监测中的植被覆盖度（VC）、地表温度（LST）与降水量（PPT）的三元关系模型，是通过遥感技术量化荒漠化动态的核心方法。

（四）土地资源调查的精度提升技术

高光谱遥感技术通过数百个连续波段，实现了土地类型的精细识别。例如，HyMap 成像光谱仪的 224 个波段可区分 12 种土壤类型，在内蒙古草原的监测中，其分类精度在实验室条件下达到百分之百。无人机搭载的多光谱相机将空间分辨率提升至 5 厘米，在精准农业的应用中，可识别作物长势差异与病虫害分布。

四、矿产资源勘查

（一）地质构造与岩性特征的遥感解译

地质构造是控制矿床分布的主导因素，遥感技术通过分析岩石矿物对电磁波的吸收、反射特性，实现了地质构造与岩性的精准识别。岩石的光谱特征由其化学成分与晶体结构决定，例如硅酸盐矿物在近红外波段（0.7~2.5 μm）表现出特征吸收峰，而碳酸盐矿物在短波红外波段（2.0~2.5 μm）具有强吸收带。高光谱遥感技术通过连续波段记录岩石的微弱光谱差异，可区分石英、长石、云母等矿物，为岩性填图提供基础数据。

（二）蚀变矿物填图与成矿信息提取

蚀变矿物是矿床形成的直接指示标志，遥感技术通过分析蚀变矿物的光谱特征，实现了成矿信息的精准提取。热液蚀变矿物（如绢云母、绿泥石、蒙脱石）在短波红外波段具有特征吸收峰，而氧化蚀变矿物（如赤铁矿、针铁矿）在可见光—近红外波段表现出强反射特性。ASTER 卫星的短波红外波段（SWIR）通过波段比值与主成分分析（PCA），可有效提取蚀变矿物信息，其解译结果与实地采样数据的吻合度取决于矿物组合的复杂程度。

(三)成矿预测与靶区圈定

成矿预测是遥感矿产勘查的核心目标,其技术路径包括地质—地球物理—地球化学信息的综合集成。遥感技术通过提取线性构造、环形构造、色异常等成矿信息,结合重力、磁法、化探数据,构建了多源信息融合的成矿预测模型。线性构造(如断层、褶皱)与环形构造(如火山结构、隐伏岩体)的识别依赖边缘增强与形态分析,而色异常的提取则通过波段比值与光谱角度制图(SAM)技术实现,见图 3-1。

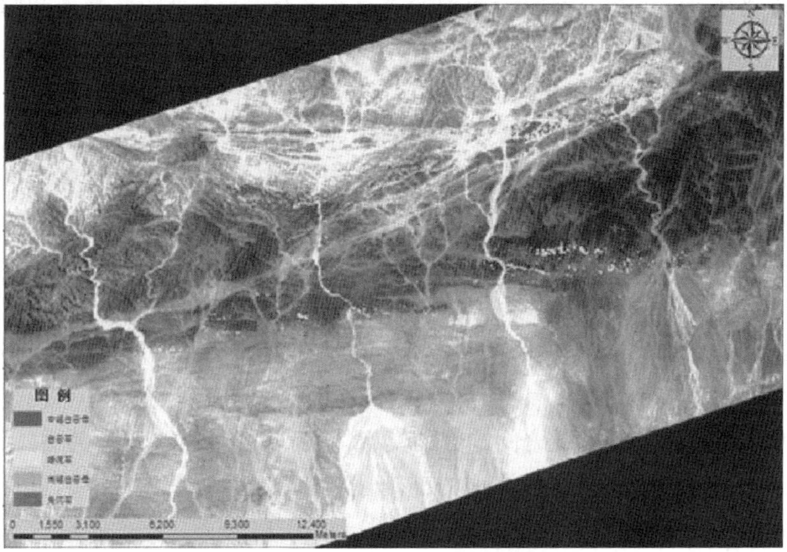

图 3-1 遥感技术在矿产勘查中的应用

(四)矿产资源勘查的时空分析

遥感技术通过多时相影像的对比分析,实现了矿产资源勘查的时空动态监测。例如,在矿化蚀变的演化研究中,通过分析 Landsat 系列卫星的 30 年数据,可揭示蚀变范围的扩展速率与矿化强度的变化规律。在火山成因型金矿的勘查中,通过监测热液蚀变的时空分布,可预测矿化富集的时空规律。

五、森林资源调查

(一)森林类型识别与分类

遥感技术能够通过捕捉森林植被在不同波段上的光谱特征,实现森林类型的识别与分类。不同森林类型,如针叶林、阔叶林、混交林等,其叶片结构、叶绿素含量、水分含量等生理生化特性各不相同,这些特性在遥感影像上表现为不同的光谱反射率。通过对比和分析这些光谱特征,可以建立森林类型与光谱特征之间的对应关系,从而实现森林类型的自动识别与分类。这不仅大大提高了森林类型划分的准确性和效率,还为后续的森林资源管理和规划提供了科学依据。

(二)森林面积估算

遥感技术能够快速获取大面积的森林覆盖信息,通过图像处理和解析技术,可以精确计算出森林的面积。这一过程中,主要利用遥感影像的分辨率和覆盖范围优势,结合地理信息系统(GIS)技术,对森林边界进行精确划定,并计算出森林面积。这种方法相较于传统的地面调查方法,不仅节省了大量的人力和时间成本,还提高了面积估算的准确性和时效性。对于森林资源的动态监测和管理具有重要意义。

(三)森林蓄积量评估

森林蓄积量是衡量森林资源丰富程度的重要指标之一。遥感技术通过获取森林植被的垂直结构信息,如树高、冠幅等,结合地面实测数据,可以建立森林蓄积量与遥感特征参数之间的数学模型,从而实现森林蓄积量的遥感评估。这一方法不仅提高了蓄积量评估的准确性和效率,还为森林资源的可持续利用提供了科学依据。

(四)森林健康状况监测

森林健康状况是反映森林生态系统稳定性和生产力的关键指标。通过捕捉森林植被在可见光、近红外、热红外等波段上的光谱特征变化,监测森林植被的叶绿素含量、水分状况、病虫害发生情况等健康状况指标。例如,当森林遭受病虫害侵袭时,植被的叶绿素含量会下降,导致其在可见光波段上的反射率增加,而在近红外波段上的反射率减少。通过遥感技术可以及时发现这些变化,为森林病虫害的防治提供预警信息。

(五)森林火灾监测与预警

森林火灾是森林资源面临的重大威胁之一。遥感技术凭借其覆盖范围广、监测时效性强等优势,在森林火灾的监测与预警中发挥了重要作用。通过卫星遥感技术,可以实时监测森林火点的发生和发展情况,为火灾的及时扑救提供准确的位置信息。同时,结合气象数据和历史火灾数据,还可以建立森林火灾风险预警模型,为森林火灾的预防和应急响应提供科学依据。

(六)森林生态功能评估

森林生态功能是森林资源的重要价值体现之一。遥感技术通过获取森林植被的覆盖度、类型、结构等信息,结合生态系统模型,可以评估森林的生态功能,如碳汇功能、水源涵养功能、土壤保持功能等。这些评估结果为森林生态系统的保护和恢复提供了科学依据,也为森林资源的可持续利用提供了决策支持。

第四章　地理信息系统(GIS)技术

第一节　GIS的基本概念与构成

一、GIS的基础概念

(一)地理信息系统的科学定义

地理信息系统作为空间信息技术的重要组成部分,其科学定义与内涵在学术界和实践中不断深化和发展。GIS是一种集地理学、地图学、计算机科学、信息科学等多学科于一体的综合性技术系统。它以计算机硬件和软件为支撑,对具有空间属性的地理数据进行采集、存储、管理、分析、显示和应用。

从科学定义的角度来看,GIS不仅仅是一个技术系统,更是一种处理和分析地理空间数据的科学方法。它强调地理空间数据的整体性、层次性和动态性,通过对这些数据的综合处理和分析,揭示地理现象的空间分布规律、演变趋势以及相互关系。GIS的科学内涵体现在其跨学科性、综合性和应用性上,它融合了多学科的理论和方法,为地理空间问题的研究提供了新的视角和手段。

在GIS的发展过程中,其科学定义和内涵不断得到丰富和拓展。早期,GIS主要关注地理空间数据的数字化和地图制图功能。随着计算机技术和空间分析方法的不断进步,GIS逐渐发展成为一种强大的空间信息处理和分析工具。它不仅支持空间数据的采集、存储和管理,还能够进行复杂的空间分析和模拟,为地理空间问题的决策提供支持。

GIS的科学内涵还体现在其对地理空间数据的深层次理解和挖掘上。地理空间数据不仅包含地理实体的空间位置和属性信息,还蕴含着丰富的空间关系和空间模式。GIS通过空间分析、数据挖掘等方法,能够揭示这些空间关系和空间模式,为地理空间问题的研究提供新的视角和洞见。

(二)空间数据表达与地理实体建模理论

1. 空间数据表达

矢量数据通过点、线、面等几何要素精确描述地理对象的位置与形状,适用于表示道路网络、行政边界等离散地理特征。其优势在于数据结构严密、几何精度高,便于进行空间查询与分析。栅格数据则将地理空间划分为规则的像素网格,每个网格单元存储一个属性值,适用于表示高程数据、遥感影像等连续变量。栅格模型的优势在于其简单的数据结构和快速的图像处理能力,但在处理大规模、高分辨率数据时,存储与计算成本较高。

2. 数据模型

概念模型是对现实世界地理现象的抽象与概括,强调语义表达与用户理解。例如,面向对象模型将地理实体视为对象,通过属性和方法描述其特征与行为,便于用户从地理认知角度理解数据。逻辑模型进一步细化概念模型,定义数据的组织结构与关系,如关系数据模型通过表格形式存储地理实体及其属性,支持复杂的空间查询与操作。物理模型则关注数据在计算机中的物理存储与访问方式,涉及数据压缩、索引与缓存等技术,以优化存储效率与查询性能。

3. 地理实体建模理论

地理实体可根据几何特征分为点、线、面、体等类型,每种类型具有特定的空间属性与关系。点实体可表示城市、学校等具有特定位置但无明显形状的对象;线实体可表示道路、河流等具有长度但无宽度的对象;面实体则用于描述湖泊、森林等具有面积与边界的对象。在建模过程中,需综合考虑实体的几何、属性、拓扑与时间特征,以全面刻画地理现象。

(三)空间认知与地理可视化原理

1. 空间认知

空间认知包含空间感知、空间记忆、空间思维等多个层级。空间感知通过视觉、听觉等感官接收空间信号,形成对地理环境的基本感知。例如,通过视觉感知地形起伏、地物分布,通过听觉感知声音来源方向以辅助空间定位。空间记忆将感知到的空间信息存储于大脑中,形成空间表象与认知地图。认知地图并非对现实地理环境的精确复制,而是经过主观加工与抽象后的空间知识结构,它反映了人们对地理环境的熟悉程度与空间关系理解。空间思维则基于空间记忆进行空间推理与决策,如规划路线、判断方位等。地理可视化通过视觉符号系统模拟空间认知过程中的关键要素,如利用色彩、形状、大小等视觉变量表示地理要素的属性特征,利用方向、距离等空间关系符号表达地理要素之间的空间关联,从而辅助空间认知的各个阶段。

2. 地理可视化

视觉感知具有选择性、整体性与理解性。选择性使得人们能够在复杂视觉场景中快速聚焦重要信息，地理可视化通过突出显示关键地理要素、采用对比强烈的色彩等方式，引导用户注意力，提高信息获取效率。整体性强调视觉系统对视觉场景的整体把握。地理可视化注重地图布局的平衡与协调，确保各要素之间关系清晰、层次分明，便于用户从整体上理解地理空间格局。理解性则要求可视化结果符合用户的认知经验与知识背景。地理可视化采用约定俗成的符号系统与表达方式，降低用户理解难度，促进地理信息的有效传递。

二、GIS 系统架构解析

（一）硬件层

1. 空间计算设备

（1）计算机系统

计算机系统是空间计算设备的核心，它为 GIS 提供了运行环境和计算资源。在 GIS 中，计算机系统通常采用高性能的计算平台，如多核处理器、大容量内存和高速硬盘等，以确保系统能够高效地处理和分析地理空间数据。此外，计算机系统还需要支持多种操作系统和编程环境，以便开发人员能够灵活地开发和应用 GIS 软件。

（2）输入输出设备

输入输出设备是 GIS 与用户进行交互的重要桥梁。在 GIS 中，输入设备负责将地理空间数据输入到系统中，如数字化仪、扫描仪、GPS 接收器等。这些设备能够将现实世界中的地理空间数据转换为数字格式，供 GIS 系统进行后续的处理和分析。输出设备则负责将 GIS 系统的处理结果展示给用户，如显示器、打印机、绘图仪等。这些设备能够将抽象的地理空间数据以图形化、可视化的方式呈现出来，帮助用户更好地理解和分析地理现象。

（3）网络通信设备

网络通信设备是 GIS 硬件层中不可或缺的一部分，它负责将 GIS 系统与其他系统进行连接和数据交换。在 GIS 中，网络通信设备通常采用高速网络技术和设备，如以太网交换机、路由器、防火墙等，以确保数据能够高效、安全地在不同系统之间进行传输和共享。

2. 存储系统

(1)存储设备

存储设备是存储系统的核心组成部分,它为 GIS 提供了数据存储的物理空间。在 GIS 中,存储设备通常采用高速、大容量的硬盘阵列、固态硬盘(SSD)等,以确保系统能够高效地存储和管理地理空间数据,此外,存储设备需要不断提升存储容量和读写速度,以满足 GIS 对数据存储和处理的高要求。同时,存储设备还需要具备高可靠性和数据恢复能力,以确保 GIS 系统的数据安全和稳定性。

(2)数据备份与恢复

数据备份与恢复是存储系统中不可或缺的一部分,它负责确保 GIS 系统的数据安全性和可靠性。在 GIS 中,数据备份与恢复通常采用多种技术和方法,如定期备份、异地备份、灾难恢复等,以确保数据在遭受意外损失或破坏时能够迅速恢复。越来越多的 GIS 应用开始采用云备份和云恢复技术,将备份数据存储在云端的高性能存储设备上,并通过云端的恢复服务实现数据的快速恢复。这种备份与恢复方式不仅提高了 GIS 系统的数据安全性,还降低了系统的运维成本。

(3)数据存储策略

数据存储策略是存储系统中另一个重要的组成部分,它负责确定 GIS 系统中数据的存储方式和访问策略。在 GIS 中,数据存储策略通常采用多种技术和方法。如分区存储、索引存储、缓存存储等,以提高数据存储和访问的效率。

随着 GIS 应用的不断发展和普及,数据存储策略也在不断创新和优化。例如,分布式存储技术通过将数据分布在多个存储节点上,实现了数据的高可用性和可扩展性;列式存储技术通过将数据按列存储,提高了数据查询和分析的效率;图数据库技术则通过构建图结构来存储和管理地理空间数据,实现了数据的高效检索和关联分析。

(二)软件层:GIS 平台功能模块化设计

1. 接口定义

接口定义是 GIS 平台功能模块化设计的关键环节,它需要根据模块之间的交互和集成需求,为每个模块定义清晰的接口规范。接口规范应该包括接口的名称、参数、返回值和异常处理等信息,以确保模块之间的交互和集成能够顺利进行。

2. 模块实现

模块实现是 GIS 平台功能模块化设计的核心环节，它需要根据接口定义和模块划分的结果，对每个模块进行具体的实现。在实现模块时，需要充分考虑模块的性能、可维护性和可扩展性等因素，确保模块能够满足 GIS 软件的功能需求和业务流程。

3. 模块集成

模块集成是 GIS 平台功能模块化设计的最后一步，它需要将各个模块按照接口规范进行集成和测试，确保整个 GIS 软件能够正常运行。在集成模块时，需要充分考虑模块之间的依赖关系和交互方式，确保模块之间的接口能够正确对接和通信。

三、空间数据模型构建

（一）矢量数据模型

1. 矢量数据模型的构成

（1）几何对象

几何对象是矢量数据模型中的基本单元，用于表示地理空间实体的位置和形状。几何对象通常包括点、线、面三种类型。点对象用于表示具有确定位置的地理空间实体，如城市、地标等；线对象由一系列有序的坐标点组成，用于表示具有连续性和方向性的地理空间实体，如道路、河流等；面对象由闭合的线环构成，用于表示具有封闭边界的地理空间实体，如湖泊、区域等。

（2）属性数据

属性数据是与几何对象相关联的非空间数据，用于描述地理空间实体的各种属性特征。属性数据通常以表格的形式存储，每个几何对象对应一行记录，每列代表一个属性字段。例如，对于一个面对象（如湖泊），其属性数据可能包括湖泊的名称、面积、水深、水质等级等。

（3）拓扑关系

拓扑关系是指几何对象之间的空间关系，如相邻、相交、包含等。在矢量数据模型中，拓扑关系是通过定义几何对象之间的空间联系来实现的。拓扑关系对于进行空间分析、网络分析等高级 GIS 功能具有重要意义。

2. 矢量数据模型的特性

（1）数据精度高

矢量数据模型采用精确的坐标点来表示地理空间实体的位置和形状，因此具有较高的数据精度。这对于需要精确表示地理空间实体的应用来说非常重要。

(2)边界清晰

矢量数据模型中的几何对象具有明确的边界,使得它能够清晰地表示地理空间实体的范围。这对于进行空间查询、空间分析等操作来说非常方便。

(3)易于进行网络分析

由于矢量数据模型中的几何对象之间可以定义拓扑关系,因此它非常适合进行网络分析。例如,在交通网络分析中,可以通过定义道路之间的拓扑关系来计算最短路径、最优路径等。

(4)存储空间相对较小

与栅格数据模型相比,矢量数据模型在表示相同地理空间实体时所需的存储空间相对较小。这是因为矢量数据模型只存储几何对象的坐标点和属性数据,而不像栅格数据模型那样需要存储整个栅格矩阵。

(二)栅格数据模型:像元矩阵与空间场表达

1. 栅格数据模型的构成

(1)像元矩阵

像元矩阵是栅格数据模型中的基本单元,用于表示地理空间区域。像元矩阵由一系列规则的像素网格组成,每个像元代表地理空间区域中的一个位置。像元的值用于表示该位置上的地理空间信息,如高程、温度、湿度等。

(2)属性数据

与矢量数据模型类似,栅格数据模型中的属性数据也是与像元相关联的非空间数据。属性数据通常用于描述像元的各种属性特征,如高程值、温度值、湿度值等。这些属性数据可以通过像元矩阵中的像元值来访问和查询。

(3)空间参考系统

空间参考系统是栅格数据模型中的重要组成部分,用于定义像元矩阵在地理空间中的位置和方向。空间参考系统通常包括坐标系、投影方式和坐标原点等信息。通过空间参考系统,可以将栅格数据模型中的像元矩阵与实际地理空间区域进行对应和匹配。

2. 栅格数据模型的特性

(1)结构简单

栅格数据模型采用规则的像素网格来表示地理空间区域,因此其结构相对简单且易于理解。这使得栅格数据模型在处理和分析地理空间信息时具有较高的效率。

(2)易于进行像素级分析

由于栅格数据模型中的像元具有明确的值,因此可以很方便地进行像素级分析。例如,在遥感影像处理中,可以通过对像元值的统计和分析来提取地物信息、进行地物分类等。

(3)适用于表示连续变化的地理空间现象

栅格数据模型能够很好地表示连续变化的地理空间现象,如地形、气候、植被等。这是因为栅格数据模型中的像元值可以连续变化,从而能够准确地反映地理空间现象的变化规律。

(三)网络数据模型:线性系统建模与分析

网络数据模型作为一种专门用于描述和分析具有网络结构特征的空间现象的数据模型,在交通、物流、城市基础设施规划、生态网络分析等多个领域展现出了其独特的价值。网络数据模型的核心在于将地理空间中的实体及其相互关系抽象为节点和边的集合,形成一个复杂的图结构。

在网络数据模型中,节点是构成网络的基本单元,代表空间中的特定位置或实体,如交通枢纽、城市节点、生态斑块等。节点不仅具有空间位置属性,还可能携带其他描述性信息,如节点类型、容量限制、功能特性等。边则是连接节点的桥梁,表示节点之间的直接联系或相互作用,如道路、河流、生态廊道等。边可以是有向的,表示单向流动或影响;也可以是无向的,表示双向的相互作用。

在线性系统中,网络被视为一种传输或流动的载体,如交通流、信息流、物质流等。通过分析网络中的节点和边的属性及其相互关系,可以揭示网络的结构特征、流动模式、瓶颈位置以及优化策略。例如,在交通网络分析中,可以利用网络数据模型计算最短路径、评估道路拥堵程度、预测交通流量变化,为交通规划和管理提供科学依据。

网络数据模型的分析方法多样,包括但不限于图论方法、复杂网络理论、网络流理论等。图论方法通过构建和分析图的邻接矩阵、度分布、连通性等指标,揭示网络的基本结构特征。复杂网络理论关注网络的自组织性、小世界性、无标度性等复杂特性,为理解网络演化和动力学行为提供理论支撑。网络流理论则侧重于研究网络中的流动过程,如最大流问题、最小费用流问题等,为网络优化和资源配置提供数学工具。

(四)三维数据模型

随着 GIS 技术的不断发展,三维数据模型逐渐成为地理空间信息表达和分析的重要手段。三维数据模型能够更真实地反映地理空间中的立体形态和结构特征,为城市规划、地质勘探、环境监测等领域提供更为精确和全面的数据支持。

表面建模通过构建地理空间中的曲面来表示地形、建筑物、水体等立体对象的形状和边界。表面建模的方法多种多样,包括不规则三角网(TIN)模型、格网(grid)模型、等高线模型等。三角网模型通过连接空间中的离散点形成三角形网格,能够灵活地表示复杂的地形表面。格网模型将地理空间划分为规则的网格单元,每个单元赋予一个高度值,形成连续的地表模型。等高线模型则是通过绘制不同高度的等高线来表示地形起伏。

在表面建模中,关键问题在于如何准确地表示和处理表面的几何形态和拓扑关系。几何形态决定了表面的形状和尺寸,而拓扑关系则描述了表面各部分之间的连接方式和相邻关系。为了准确地表示和处理这些复杂的信息,需要采用高效的算法和数据结构,如 Delaunay 三角剖分、四叉树、八叉树等。

体素是三维空间中的基本单元,类似于二维空间中的像素。体素表达通过将三维空间划分为一系列小的立方体或长方体单元,每个单元赋予一定的属性值(如材质、密度、温度等),来表示地理空间中的立体对象及其内部结构。体素表达在地质勘探、医学影像处理、三维打印等领域有着广泛的应用。

体素表达的优势在于能够精确地表示三维对象的内部结构和属性分布。通过调整体素的大小和分辨率,可以平衡数据精度和存储空间之间的需求。然而,体素表达也面临着数据量庞大、处理复杂等挑战。为了高效地存储和处理体素数据,需要采用压缩算法、数据分割、并行处理等技术手段。

四、GIS 核心功能组件

(一)数据采集与编辑

1. 几何校正

主要目的是对地理空间数据进行空间位置的调整和校正,以确保数据的空间准确性和一致性。在 GIS 中,地理空间数据通常来源于多种渠道,如遥感影像、地图扫描件、GPS 测量数据等。这些数据在获取过程中可能由于传感器误差、平台姿态变化、大气影响等因素而产生几何畸变。几何校正就是通过一系列的数学模型和算法,对这些畸变进行纠正,使数据能够准确地反映地理实体的实际位置和形状。

几何校正的过程通常包括以下几个步骤:首先,需要选择合适的校正模型,如多项式模型、仿射变换模型等,这些模型能够描述数据中的几何畸变类型;其次,需要确定校正的控制点,这些控制点是地理实体在实际空间中的已知位置点,它们作为校正的基准,用于计算校正参数;最后,利用校正模型和控制点,通过最小二乘法或其他优化算法,计算出校正参数,并对原始数据进行空间变换,得到校正后的数据。

2. 属性录入

属性数据是描述地理实体特征的重要信息,如地物的名称、类型、面积、高度等。在 GIS 中,属性数据与空间数据是紧密相连的。它们共同构成了地理空间数据的完整描述。属性录入的过程就是将这些描述性信息准确地录入到 GIS 数据库中,与对应的空间数据建立关联。

属性录入的方式多种多样,可以根据数据的来源和性质选择合适的录入方法。对于结构化数据,如表格数据、数据库数据等,可以通过数据导入的方式直接录入到 GIS 中;对于非结构化数据,如文本描述、图片注释等,则需要通过手动输入或扫描识别等方式进行录入。在录入过程中,需要确保数据的准确性和一致性,避免出现重复、遗漏或错误的情况。

(二)空间查询:属性查询与空间关系运算

1. 属性查询

在 GIS 中,每个地理实体都对应着一组属性数据,这些数据描述了实体的特征或属性。属性查询就是根据这些属性数据的值或范围,检索出符合条件的地理实体。例如,用户可以根据地物的名称、类型、面积等属性特征,查询出满足特定条件的地理实体集合。

属性查询的实现依赖于 GIS 数据库中的索引机制和查询语言。GIS 数据库通常采用高效的索引结构,如 B 树、R 树等,来加速属性数据的检索过程。同时,GIS 还提供了丰富的查询语言或接口,如 SQL(结构化查询语言)或其扩展版本,允许用户以直观、简洁的方式表达查询条件。

2. 空间关系运算

空间关系运算基于地理实体之间的空间位置关系进行检索和分析。在 GIS 中,地理实体之间的空间关系多种多样,如相邻、包含、相交、重叠等。空间关系运算就是根据这些空间关系,检索出满足特定条件的地理实体对或集合。

空间关系运算的实现依赖 GIS 中的空间数据结构和算法。GIS 通常采用矢量数据结构或栅格数据结构来表示地理实体,这些数据结构提供了丰富的空间操作和分析功能。同时,GIS 还提供了一系列的空间关系运算算法,如缓冲区分析、叠加分析、网络分析等,允许用户对地理实体进行复杂的空间关系运算和分析。

空间查询在 GIS 中具有广泛的应用前景。属性查询能够帮助用户快速定位和分析特定的地理实体或区域,为决策支持、资源管理等提供有力依据;空间关系运算则能够揭示地理实体之间的空间联系和相互作用,为空间规划、环境监测等提供科学依据。因此,在 GIS 的发展和应用中,空间查询功能具有举足轻重的地位和作用。

(三)空间分析

1. 缓冲区分析

根据地理实体(如点、线、面)的位置和形状,生成一定宽度范围内的区域,即缓冲区。缓冲区分析在地理空间规划中具有广泛的应用,如环境保护区的划定、城市服务设施的覆盖范围分析、交通网络的影响区域评估等。通过缓冲区分析,可以直观地了解地理实体对其周围环境的影响程度和范围,为地理空间规划和管理提供科学依据。缓冲区生成的算法多种多样,包括栅格扫描法、矢量扩张法等,这些算法根据数据的类型和精度要求选择合适的计算方式,确保缓冲区的准确性和可靠性。

2. 叠加分析

将两个或多个图层中的地理实体进行空间上的叠加,通过比较、分类和合并等操作,生成新的图层或提取满足特定条件的地理实体集合。叠加分析在资源环境管理、城市规划、土地利用变化监测等领域具有广泛的应用。例如,在土地利用规划中,可以将土地利用现状图与规划图进行叠加分析,了解土地利用的变化情况和规划实施的效果;在环境管理中,可以将污染源分布图与环境保护区图进行叠加分析,评估污染源对环境保护区的影响程度。叠加分析的实现依赖于 GIS 中的空间数据结构和空间关系运算算法,这些算法能够高效地处理大量的地理空间数据,提取出有用的信息。

3. 网络分析

主要针对具有网络结构特征的地理现象进行分析和模拟。网络分析在交通规划、物流配送、城市基础设施布局等领域具有重要的作用。在网络分析中,地理实体被抽象为节点和边的集合,形成复杂的网络结构。通过网络分析,可以计算最短路径、评估网络的连通性、优化资源的配置等。例如,在交通规划中,可以利用网络分析计算不同起点和终点之间的最短路径,为交通流量分配和道路建设提供依据;在物流配送中,可以利用网络分析优化配送路线,降低运输成本和提高配送效率。网络分析的实现需要依赖于图论、复杂网络理论等数学工具,以及 GIS 中的网络数据模型和空间关系运算算法。

(四)地图制图:符号化表达与自动制图

1. 符号化表达

符号化表达的目的在于提高地图的可读性和易理解性,使用户能够快速准确地获取地图中的信息。在符号化表达中,需要根据地理实体的类型和特征选择合适的符号和颜色,并遵循一定的制图规范和标准。例如,在表示不同类型的土地利用时,可以采用不同的颜色和图案来区分;在表示交通网络时,可以采用不同粗细和颜色的线条来表示道路的等级和通行能力。

2. 自动制图

自动制图的出现极大地提高了地图制图的效率和准确性,缩短了地图产品的生产周期。在自动制图中,需要根据用户的需求和地图的用途选择合适的制图参数和设置,如比例尺、投影方式、符号样式等。同时,还需要对地理空间数据进行预处理和优化,以确保地图产品的质量和效果。例如,在生成电子地图时,需要对地理空间数据进行坐标转换和投影变换,以适应不同设备的显示要求;在生成三维地图时,需要对地形和建筑物等地理实体进行三维建模和纹理贴图,以增强地图的立体感和真实感。

地图制图技术的发展为地理空间信息的传播和应用提供了广阔的平台。符号化表达和自动制图作为地图制图中的两个关键环节,各自具有独特的作用和价值。它们通过直观、易懂的视觉元素和高效的制图技术,将复杂的地理空间数据呈现给用户,为地理空间信息的理解和应用提供了便利。

五、GIS 应用支撑要素

(一)空间参考系统:坐标框架与投影转换

1. 坐标框架

在地理学中,地球被视为一个近似的椭球体或球体,而坐标框架则是在这个椭球体或球体上建立的一套数学坐标系。这套坐标系通过经度和纬度两个参数来描述地球表面上任意一点的位置。经度是东西方向的角度度量,以本初子午线为基准,向东或向西度量至 180 度;纬度是南北方向的角度度量,以赤道为基准,向北或向南度量至 90 度。这样,地球表面上的每一个点都可以通过一个唯一的经纬度坐标来表示。

2. 投影转换

在投影转换过程中,需要选择一个合适的投影面(如平面、圆柱面、圆锥面等)和投影中心(如地心、地表某一点等),然后,根据投影面和投影中心的位置关系,以及投影的性质(如等角、等面积、等距离等),确定投影转换的数学模型。这个数学模型将地球表面上的地理坐标(经纬度)转换为平面上的直角坐标(x,y)。

投影转换的过程并不是简单的数学运算,它涉及多个复杂的因素。首先,投影转换会产生形变。因为地球表面是曲面的,而平面是平面的,所以将曲面上的点映射到平面上时,必然会产生形变。这种形变可能是长度的变化、面积的变化或角度的变化等。不同的投影方式会产生不同类型的形变,因此,在选择投影方式时,需要根据 GIS 应用的具体需求来权衡。

(二)元数据管理

1. 数据血缘

在 GIS 中,数据血缘的管理对于确保数据的可追溯性和一致性至关重要。由于 GIS 数据通常来源于多个渠道,经过多次处理和分析,因此很容易产生数据不一致、重复或错误等问题。通过数据血缘管理,可以清晰地了解数据的来龙去脉,快速定位数据问题的源头,并采取相应的措施进行解决。

数据血缘的实现依赖于 GIS 系统的数据管理和追踪功能。在数据采集阶段,需要记录数据的来源和采集方法;在数据处理阶段,需要记录数据的转换规则和处理流程;在数据存储阶段,需要记录数据的存储位置和访问权限等信息。这些数据血缘信息可以通过元数据的形式进行存储和管理,以便在需要时进行查询和分析。

2. 质量控制

GIS 数据进行定量化和定性化的分析,评估数据的质量指标,并采取相应的措施进行修正。数据质量控制的过程通常包括以下几个步骤:确定评估标准和质量指标、检查数据源和数据一致性、进行数据校验和修正、进行数据质量评估、生成质量报告和可视化等。

在 GIS 数据质量控制中,元数据管理发挥着重要作用。通过元数据,可以了解数据的来源、处理过程和质量状况等信息,为数据质量控制提供重要的参考依据。同时,元数据管理还可以帮助用户评估数据的质量和价值,选择适合的数据源和处理方法,提高数据使用的效率和准确性。

(三)空间信息共享

1. 服务式 GIS

服务式 GIS 的核心原理在于其服务化的设计理念。它将 GIS 功能模块化、服务化,使得每个功能模块都可以作为一个独立的服务进行发布和调用。这种设计方式极大地提高了 GIS 的灵活性和可扩展性,使得用户可以根据实际需求灵活组合和调用不同的 GIS 服务,实现个性化的 GIS 应用。同时,服务式 GIS 还支持服务的聚合与重组,能够将多个 GIS 服务组合成一个新的服务,以满足更复杂的 GIS 应用需求。

在技术实现上,服务式 GIS 通常基于 Web 服务协议栈进行构建。这些协议栈包括简单对象访问协议(SOAP)、网络服务描述语言(WSDL)和统一描述、发现和集成(UDDI)等标准,它们共同构成了服务式 GIS 的技术基础。通过这些协议栈,服务式 GIS 能够实现服务的发布、发现、绑定和调用等功能,为空间信息共享提供了强有力的技术支撑。

2. 互操作协议

互操作协议的核心原理在于其标准化的设计理念。它定义了一套通用的数据格式、数据模型和处理方法,使得不同 GIS 系统能够遵循这些标准进行数据的交换和处理。在 GIS 领域,互操作协议通常由国际组织或标准化机构制定和推广。例如,开放地理空间联盟(OGC)就制定了一系列关于 GIS 互操作的规范和标准,如 Web 地图服务(WMS)、Web 要素服务(WFS)和 Web 覆盖服务(WCS)等。

第二节　空间数据管理与分析技术

一、空间数据模型与管理框架

(一)空间数据模型的内涵与构成

1. 空间特征

用以描述事物或现象的地理位置,主要指空间对象的位置及与相邻对象的空间关系或拓扑关系。空间特征是空间数据区别于其他一般数据的重要标志,在 GIS 的数据处理、空间分析以及数据库的查询与检索中具有重要意义。

2. 属性特征

用来描述事物或现象的特征,主要指与地理空间实体相联系的、具有地理意义的数据或变量。属性特征是对空间数据的说明,它提供了对空间对象非空间属性的描述,如名称、类型、数量等。

3. 实体与相关关系

空间数据模型是在实体概念的基础上发展起来的,它包含实体组和它们之间的相关关系。实体和相关关系可以通过性质和属性来说明,它们共同构成了空间数据模型的基础框架。

4. 数据模型类型

根据不同的应用层次和抽象程度,空间数据模型可分为概念数据模型、逻辑数据模型和物理数据模型。概念数据模型是面向数据库用户的现实世界模型,反映了最终用户综合性的信息需求;逻辑数据模型根据概念模型确定空间信息内容,以计算机能理解和处理的形式具体地表达空间实体及其关系;物理数据模型则进一步细化了逻辑数据模型,描述了数据在物理存储介质上的具体组织方式和访问方法。

(二)管理框架的构建与功能

1. 数据采集与预处理

数据采集是空间数据管理的第一步,它涉及从现实世界中获取空间数据的过程。预处理是对采集到的数据进行清洗、转换和整合等操作,以确保数据的质量和一致性。在空间数据管理框架中,需要建立一套完善的数据采集与预处理机制,以支持各种数据源和格式的数据采集和预处理需求。

2. 数据存储与组织

数据存储与组织是空间数据管理的核心环节。它涉及将预处理后的数据按照一定的规则和结构存储在物理存储介质上,并建立起相应的数据库索引和元数据管理机制。在空间数据管理框架中,需要采用合适的数据存储技术和方法,如关系型数据库、面向对象数据库或 NoSQL 数据库等,以满足不同应用场景下的数据存储需求。同时,还需要建立起有效的数据库索引和元数据管理机制,以提高数据的检索效率和可维护性。

3. 数据处理与分析

数据处理与分析是空间数据管理的关键环节。它涉及对存储的数据进行各种操作和处理,如空间查询、空间分析、数据挖掘等,以提取有用的信息和知识。在空间数据管理框架中,需要采用先进的数据处理和分析技术,如空间索引技术、空间查询优化技术、空间分析算法等,以提高数据处理和分析的效率和准确性。同时,还需要建立起一套完善的数据处理和分析流程,以确保数据处理和分析的可重复性和可追溯性。

4. 数据共享与发布

数据共享与发布是空间数据管理的重要目标之一。它涉及将处理后的数据以合适的方式提供给用户或其他系统使用。在空间数据管理框架中,需要建立起一套完善的数据共享与发布机制,以支持数据的在线访问、下载和共享等操作。同时,还需要考虑数据的安全性和隐私保护问题,以确保数据在共享过程中的安全性和合规性。

二、多源数据采集与集成技术

(一)GPS/北斗轨迹数据时空校准

1. 时空校准的原理

时空校准的核心在于消除原始轨迹数据中的时间和空间误差。时间校准主要解决接收机钟差问题,即通过比较接收机时间与标准时间(如 UTC 时间)的差异,对接收机时间进行调整。空间校准则主要解决卫星信号传播误差和大气延迟等问题,通过数学模型对观测值进行修正,以提高定位精度。

2. 时空校准的方法

时空校准的方法多种多样,主要包括差分定位技术、精密单点定位技术、卡尔曼滤波技术等。差分定位技术是常用的方法之一,它通过比较基准站和流动站接收到的卫星信号差异,计算出差分改正数,并应用于流动站的位置解算中,从而消除大部分公共误差。精密单点定位技术利用精密的卫星轨道和钟差信息,结合大气延迟模型,实现高精度的单点定位。卡尔曼滤波技术则是一种递归的数据处理方法,它通过对观测值进行滤波处理,估计出最优的状态估计值,从而实现时空校准。

(二)物联网传感器数据实时接入

1. 物联网传感器数据的特点

物联网传感器数据来源于各种传感器设备,如温度传感器、湿度传感器、光照传感器、压力传感器等。这些数据具有实时性,即能够实时反映被监测对象的状态变化;具有连续性,即能够连续不断地提供监测数据;具有多样性,即能够监测多种不同类型的物理量。这些特点使得物联网传感器数据在空间数据管理与分析中具有独特的优势。

2. 物联网传感器数据实时接入的技术挑战

实现物联网传感器数据的实时接入面临着多个技术挑战。首先,传感器设备种类繁多,通信协议各异,如何实现不同设备之间的互联互通是一个关键问题。其次,传感器数据具有海量性,如何高效地传输、存储和处理这些数据是一个挑战,此外,传感器数据还可能受到噪声、干扰等因素的影响,如何保证数据的准确性和可靠性也是一个需要解决的问题。

3. 物联网传感器数据实时接入的方法

通过采用统一的通信协议和接口标准,可以实现不同设备之间的互联互通。例如,MQTT 协议是一种轻量级的消息传输协议,它适用于低带宽、不可靠或高延迟的网络环境,非常适合物联网传感器数据的实时传输。通过采用分布式存储和云计算技术,可以实现海量传感器数据的高效存储和处理。这些技术可以将数据分散存储在多个节点上,并利用并行计算和负载均衡等技术提高数据处理效率。

(三)社会经济统计数据空间化方法

1. 社会经济统计数据空间化的意义

将社会经济统计数据空间化可以实现数据的可视化展示和空间分析。通过空间化,可以将传统的社会经济统计数据转化为具有空间信息的数据形式,如栅格数据、矢量数据等。这些数据形式可以更加直观地反映数据的空间分布和变化规律,为空间分析和决策提供更加精准的支持。

2. 社会经济统计数据空间化的方法

社会经济统计数据空间化的方法多种多样,主要包括空间插值法、统计模型法和机器学习法等。空间插值法是一种基于已知点数据推算未知点数据的方法。它通过构建空间插值模型,利用已知点数据推算出整个区域的数据分布。统计模型法则是一种基于统计学原理的方法,它通过构建社会经济统计数据与多个影响因子之间的回归模型,实现数据的空间化预测和估算。机器学习法则是一种基于人工智能和大数据的方法,它通过训练机器学习模型,利用已知数据预测未知数据。

三、空间数据质量控制

(一)几何精度验证

1. 几何精度验证的原理

几何精度验证的原理基于空间参考系统和坐标变换理论。空间参考系统定义了数据在地球表面的位置和形状,而坐标变换则用于将数据从一种参考系统转换到另一种参考系统。在几何精度验证过程中,需要将待验证的数据与已知的高精度参考数据进行比较,通过计算两者之间的差异来评估数据的几何精度。

2. 几何精度验证的方法

几何精度验证的方法多种多样,常用的方法包括直接比较法、缓冲区分析法、叠加分析法等。直接比较法是最简单直接的方法,它将待验证的数据与参考数据进行逐点比较,计算两者之间的欧氏距离或其他距离度量,以评估数据的几何精度。缓冲区分析法通过构建一个围绕参考数据的缓冲区,将待验证的数据与缓冲区进行比较,以判断数据是否落在缓冲区内,从而评估数据的几何精度。叠加分析法是将待验证的数据与参考数据进行叠加显示,通过目视检查或自动化算法来评估数据的几何精度。

(二)属性数据校验

1. 属性数据校验的原理

属性数据校验的原理基于数据完整性和一致性理论。数据完整性是指数据应包含所有必要的信息,且没有冗余或错误的信息;数据一致性则是指数据应满足一定的逻辑关系和约束条件。在属性数据校验过程中,需要通过一系列方法和手段来检查数据是否满足这些要求。

2. 属性数据校验的方法

属性数据校验的方法包括数据完整性检验、逻辑关系校验、值域核查等。数据完整性检验是检查数据是否包含所有必要的信息,如字段是否缺失、记录是否完整等。逻辑关系校验是检查数据是否满足一定的逻辑关系,如某个字段的值是否依赖于其他字段的值、不同字段之间是否存在矛盾等。值域核查则是检查数据的取值范围是否符合预定义的要求,如某个字段的值是否在合理的范围内、是否存在异常值等。

(三)时空一致性维护

1. 时空一致性维护的原理

时空一致性维护的原理基于时空数据模型和时空关系理论。时空数据模型定义了数据在时间和空间上的表示和组织方式,而时空关系则描述了数据在不同时间和空间尺度上的相互关系。在时空一致性维护过程中,需要通过构建和维护时空数据模型,以及检查和修复时空关系中的错误和矛盾,来确保数据的时空一致性。

2. 时空一致性维护的方法

时空数据模型构建是定义数据在时间和空间上的表示和组织方式的关键步骤。它需要根据具体应用场景和数据特点选择合适的时空数据模型。时空关系检查和修复是通过检查数据在不同时间和空间尺度上的相互关系,发现和修复其中的错误和矛盾,以确保数据的时空一致性。时空数据插值和预测则是利用已知数据来估计未知数据的方法,它可以通过插值算法或预测模型来填补数据中的空白或预测未来的数据变化。

四、空间查询与量算技术

(一)空间谓词查询

1. 空间谓词查询的原理

空间谓词查询的原理基于空间关系理论和空间索引技术。空间关系理论定义了空间对象之间的各种关系,如拓扑关系(相邻、相交、包含等)、顺序关系(前后、左右等)、距离关系(距离远近)和方位关系(东南西北等),而空间索引技术则是一种用于加速空间查询的数据结构,它通过预先计算空间对象的位置信息,使得在查询时能够快速地定位到满足条件的空间对象。

2. 空间谓词的种类与定义

空间谓词种类繁多,常见的空间谓词包括 cross(相交)、contain(包含)、adjacent(相邻)、inside(内部)、buffer(缓冲区)等。这些谓词既可以单独使用,也可以组合使用,以构建更加复杂的查询条件。例如,cross 谓词用于判断两个空间对象是否相交;contain 谓词用于判断一个空间对象是否包含另一个空间对象;buffer 谓词则用于生成一个空间对象的缓冲区,并判断其他空间对象是否位于该缓冲区内。

(二)空间拓扑分析

1. 空间拓扑分析的原理

空间拓扑分析的原理基于拓扑学和图论。拓扑学是研究空间对象之间连续变形下不变性质的一门学科,而图论则是研究图形和网络的数学分支。在空间拓扑分析中,空间对象被抽象为点、线、面等基本元素,这些元素之间的拓扑关系被表示为节点、边和图等结构。通过计算这些结构之间的拓扑关系,可以得到空间对象之间的空间布局和相互关系。

2. 空间拓扑分析的方法

空间拓扑分析的方法多种多样,常见的方法包括拓扑叠加分析、缓冲区分析、网络分析等。拓扑叠加分析是将两个或多个空间数据集进行叠加,计算它们之间的拓扑关系,并生成新的空间数据集。缓冲区分析是围绕一个或多个空间对象生成一定宽度的缓冲区,并计算其他空间对象与缓冲区之间的拓扑关系。网络分析则是基于空间对象之间的拓扑关系,构建网络模型,并进行路径规划、资源分配等分析。

(三)空间量算

1. 空间量算的原理

空间量算的原理基于几何学和测量学。几何学是研究空间对象形状、大小、位置等属性的学科,而测量学则是研究如何精确地测量这些属性的学科。在空间量算中,空间对象被抽象为点、线、面等基本元素,这些元素之间的几何关系被表示为距离、角度、面积、体积等度量。通过计算这些度量,可以得到空间对象的几何特征和空间分布。

2. 空间量算的类型与方法

空间量算的类型包括几何量算、形状量算和质心量算等。几何量算主要用于测量空间对象的长度、面积、体积等属性。例如,在测量线状地物时,可以使用长度量算来计算其长度;在测量面状地物时,可以使用面积量算来计算其面积;在测量体状地物时,可以使用体积量算来计算其体积。形状量算用于描述空间对象的形状特征,如周长面积比、面积长度比、形状系数等。质心量算则用于计算空间对象的质心位置,以描述其空间分布的中心点。

空间量算的方法多种多样,常用的方法包括矢量量算和栅格量算。矢量量算是基于矢量数据结构进行的量算,适用于精确测量空间对象的几何特征和空间分布。栅格量算则是基于栅格数据结构进行的量算,适用于大规模空间数据的快速处理和分析。

五、空间数据挖掘与智能分析

(一)空间聚类算法

空间聚类算法的基本思想是通过计算空间对象之间的距离或相似度,将相似的对象归为一类。在空间数据中,距离的定义往往与地理空间坐标相关,可以采用欧氏距离、曼哈顿距离或更加复杂的地理距离度量方法。除了距离度量外,空间聚类算法还需要确定聚类的数目或聚类的终止条件,这通常依赖领域知识和算法本身的设计。在空间聚类算法中,K-means 算法是一种常用的方法。该算法通过迭代优化目标函数,将空间对象划分为 K 个簇,使得每个簇内的对象到簇中心的距离之和最小。

(二)空间关联规则挖掘

空间关联规则挖掘是空间数据挖掘中的另一项重要技术,它旨在发现空间对象之间的关联关系或共现模式。这些关联关系可以揭示出空间数据中的隐含规律和趋势,为地理空间决策提供有力的支持。

空间关联规则挖掘的基本思想是通过分析空间对象之间的共现频率或相关性,挖掘出满足一定支持度和置信度的关联规则。在空间数据中,关联规则通常表示为"如果 A 出现在某个空间区域,则 B 也可能出现在该区域"的形式。其中,A 和 B 是空间对象或属性,支持度表示 A 和 B 同时出现的概率,置信度表示在 A 出现的情况下 B 出现的概率。

(三)深度学习驱动的地理要素识别

深度学习是一种基于多层神经网络的机器学习算法,它能够通过学习大量样本数据来自动提取特征和模式。在地理要素识别中,深度学习算法可以处理高分辨率遥感影像、无人机航拍图像等复杂的地理空间数据,并准确地识别出道路、建筑物、水体等地理要素。这得益于深度学习算法强大的特征提取能力和对复杂模式的建模能力。

在深度学习驱动的地理要素识别中,卷积神经网络(CNN)是一种常用的模型。CNN 通过卷积层、池化层和全连接层等结构来提取图像中的特征和模式,并通过反向传播算法来优化模型参数。为了进一步提高地理要素识别的准确性和效率,研究者们提出了许多改进的 CNN 模型,如引入残差连接的 ResNet 模型、采用多尺度特征融合的 FPN 模型等。这些模型能够更好地处理地理空间数据中的尺度变化、旋转变化等问题,提高地理要素识别的鲁棒性和泛化能力。

深度学习驱动的地理要素识别在地理信息系统中的应用前景广阔。例如,在遥感影像解译中,可以利用深度学习算法对高分辨率遥感影像进行自动解译和识别,提取出地表覆盖类型、土地利用变化等信息;在城市规划中,可以对无人机航拍图像进行地理要素识别,为城市规划和管理提供准确的地理空间数据支持;在环境保护中,可以对生态监测图像进行地理要素识别,监测和分析生态环境的变化和趋势。

第三节 GIS 在城市规划与管理中的应用

一、交通效率提升

(一)空间网络分析,优化交通资源配置

GIS 的网络分析模块通过最短路径算法、可达性分析、服务范围计算等功能,为交通设施布局提供科学依据。在公交线网优化中,系统可模拟不同线路调整方案对乘客出行时间的影响,平衡覆盖广度与运营效益;在道路改扩建规划中,通过交通分配模型预测新建道路对区域拥堵的缓解效应。某特大城市利用 GIS 分析发现,调整 3 条公交干线走向可使高峰时段通勤效率提升,而无须增加运力投入。这种空间优化策略有效降低了交通系统的冗余损耗。

(二)动态路径诱导缓解交通供需矛盾

基于 GIS 的实时导航服务通过动态交通信息推送,引导驾驶者选择最优路径。系统持续接收路况数据,结合历史交通模式预测未来拥堵概率,生成个性化导航方案。研究表明,当 20%的车辆使用动态导航时,整体路网通行效率有效提升。这种分布式路径优化机制有效平滑了交通需求的空间分布,减少因信息缺失导致的局部过载现象。

(三)公共交通协同调度提升系统运力

GIS 技术支持下的公交调度系统实现了车辆位置可视化、到站时间预测与发车间隔动态调整。通过叠加道路通行能力数据与乘客需求热点,可构建时空耦合的运力配置模型。某公交企业通过 GIS 分析发现,在早晚高峰时段对 15 条线路实施弹性发车,使车辆满载率提高 11%,同时降低乘客平均候车时间。这种精准调度策略不仅提升了公交吸引力,更有效缓解了道路资源竞争。

(四)应急事件快速响应降低系统扰动

GIS 的空间分析功能在突发事件管理中发挥了关键作用。当交通事故或道路施工发生时,系统可迅速识别影响范围,自动规划绕行路线并发布引导信息。结合实时交通流模拟,还能预测拥堵扩散路径,为应急资源调配提供决策支持。某城市通过 GIS 应急平台,将突发事件处置时间缩短 40%,有效遏制了次生拥堵的形成。

(五)长期交通规划的空间优化

在宏观层面,GIS 支持多准则决策分析框架、综合环境承载力、土地利用成本、交通需求增长等因素,构建多情景规划方案。通过空间句法分析量化道路网络复杂度,预测不同规划方案对交通可达性的影响。某新城规划项目运用 GIS 模拟显示,采用混合网格路网比传统树状路网可减少无效绕行,这种规划预见性避免了后期改造的成本浪费。

二、生态安全管控

(一)生态空间格局分析与优化

GIS 通过叠加地形、植被、水文、土壤等多源数据,构建生态敏感性评价模型,识别生态系统脆弱区域。在土地利用规划中,系统可模拟不同开发方案对生态完整性的影响,划定生态保护红线与缓冲区。通过空间冲突检测功能,可精准识别开发活动与生态功能的矛盾点,为国土空间优化提供科学依据。例如,某流域管理项目利用 GIS 分析,通过调整建设用地布局,有效降低了生境破碎化程度,维护了区域生态连通性。

(二)生物多样性保护网络构建

GIS 支持物种分布模型与栖息地适宜性评价,为生物多样性保护提供科学依据。通过遥感影像解译生境类型,结合物种出现记录,可预测关键物种的潜在分布区。在此基础上,系统可规划生态廊道网络,连接破碎化栖息地,促进物种基因交流。某国家公园利用 GIS 技术识别出多条关键廊道,通过修复植被和恢复水文,显著提升了孤立种群的生存概率,增强了生态系统韧性。

(三)生态过程动态监测与评估

GIS 集成卫星遥感与地面监测数据,实现生态系统服务的时空量化评估。例如,通过植被指数追踪生产力变化,结合降水数据评估水源涵养功能。在湿地监测中,系统可识别沼泽退化区域,分析水文连通性变化对生物多样性的影响。某森林管理区利用 GIS 技术发现,道路建设引发的边缘效应导致碳储量显著下降,为生态修复方案的制定提供了关键依据。

(四)生态灾害预警与应急响应

GIS 的空间分析功能在生态灾害管理中发挥核心作用。通过地形分析可识别泥石流高风险区,叠加植被覆盖数据预测火灾蔓延路径。当灾害发生时,系统可快速评估影响范围,规划救援通道与生态修复优先级。某山区利用 GIS 模拟火灾扩散路径,预先设置防火隔离带,有效阻止了火势蔓延,为后续生态恢复争取了时间窗口。

(五)自然资源可持续利用规划

GIS 支持多目标决策分析框架,协调资源开发需求与生态保护目标。在水资源管理中,系统可模拟不同取水方案对湿地水文的影响;在矿产开发中,通过景观连通性分析优化开采区选址。某沿海城市利用 GIS 规划海洋牧场,在保护原始生境的前提下,实现了渔业资源的可持续利用,验证了空间规划的有效性。

(六)生态修复工程精准设计

GIS 通过三维地形建模与生态适宜性分析,优化修复方案的空间配置。在植被恢复中,系统可识别适宜树种种植区,计算不同混交模式的生态效益;在土壤治理中,结合侵蚀模型设计梯田布局。某矿区生态修复项目利用 GIS 技术,通过精准定位修复区域和选择本土物种,使植被覆盖度和生物多样性指数显著提升,加速了生态系统恢复进程。

三、社区治理与公众参与

(一)社区资源精准管理与优化配置

在社区公共设施布局方面,通过整合社区内的人口分布、交通网络、土地利用等多源地理空间数据,GIS 能够精准识别设施服务盲区与冗余区域。例如,针对社区内公园、图书馆、医疗站等设施,利用 GIS 分析其服务半径与人口覆盖情况,发现某些区域设施密度不足,导致居民获取服务不便,而部分区域设施过度集中造成资源浪费。基于此分析结果,可合理规划新建或调整现有设施位置,提高资源利用效率,确保社区居民能够公平、便捷地享受公共服务。

社区环境资源管理同样受益于 GIS 的应用。利用 GIS 对社区内的绿地、水体、空气质量监测点等环境要素进行空间定位与动态监测,能够清晰呈现环境资源的分布特征与变化趋势。例如,通过绘制社区绿地分布图,结合居民活动热点区域,可优化绿地布局,增加居民休闲活动空间;对社区内河流、湖泊等水体进行水质监测与空间分析,能够及时发现污染源并制定针对性的治理措施,保障社区生态环境质量。

(二)社区安全隐患排查与应急响应

通过构建社区安全风险地图,整合消防设施、疏散通道、危险源等安全要素的空间信息,能够直观展示社区安全状况。例如,对社区内老旧建筑、电气线路、燃气管道等潜在危险源进行空间定位与风险评估,利用 GIS 的缓冲区分析功能,确定危险源对周边居民的影响范围,为安全隐患排查提供重点区域指引。同时,结合社区居民的居住分布情况,制定个性化的安全宣传与防范措施,提高居民的安全意识与应对能力。

在社区应急响应方面,GIS 的实时数据更新与空间分析能力为快速决策提供了有力支持。当发生火灾、地震、洪水等突发事件时,GIS 能够迅速整合现场传感器数据、应急资源分布信息以及受灾居民位置数据,生成应急响应决策支持地图。例如,在火灾发生时,通过 GIS 实时显示火势蔓延方向、周边消防设施位置以及被困居民分布情况,指挥人员可根据这些信息合理调配消防力量,规划最佳救援路线,提高应急救援效率,最大程度减少人员伤亡和财产损失。

(三)社区人口动态监测与服务定制

通过与人口普查数据、户籍信息、流动人口登记数据等相结合,能够实时掌握社区人口的规模、结构、分布及流动情况。例如,利用 GIS 的空间分析功能,对社区内不同年龄段、性别、职业的人口进行分类统计与空间可视化展示,发现社区人口老龄化趋势明显,老年人口主要集中在某些老旧小区。基于此分析结果,社区管理部门可针对性地制定养老服务规划,如增加老年活动中心、社区医疗点等设施,满足老年人的特殊需求。

基于人口动态监测结果,GIS 还可为社区服务的定制化提供支持。通过分析居民的生活习惯、消费需求、健康状况等特征,结合地理空间信息,为居民提供个性化的社区服务推荐。例如,对于居住在交通不便区域的居民,利用 GIS 规划社区便民服务路线,提供上门送餐、代购等服务;针对患有慢性疾病的居民,通过 GIS 整合周边医疗机构、药店等资源信息,为其提供便捷的就医与购药指引,提高社区服务的精准性与满意度。

(四)社区规划与建设决策支持

在社区改造规划中,利用 GIS 的三维模拟功能,对不同规划方案进行效果评估,分析其对社区采光、通风、交通等方面的影响,从而选择最优方案。同时,GIS 的空间分析功能还可用于评估规划方案对社区生态环境、历史文化保护等方面的影响,确保社区规划与建设符合可持续发展理念。

在社区建设项目选址过程中,GIS 发挥着重要作用。通过综合考虑土地利用现状、交通可达性、周边环境等因素,利用 GIS 进行空间适宜性评价,确定最佳建设地点。例如,在规划社区幼儿园时,利用 GIS 分析周边居民分布、交通流量、噪声污染等因素,选择既方便居民接送又远离噪声干扰的区域作为建设地点,提高社区建设项目的科学性与合理性。

(五)公众参与社区事务的便捷平台

GIS 为公众参与社区事务提供了便捷的数字化平台。通过开发基于 GIS 的社区互动应用程序,居民能够随时随地获取社区信息、参与社区决策。例如,居民可通过应用程序查看社区规划方案、公共设施分布、环境质量监测数据等信息,并发表意见和建议。GIS 将居民的意见与空间位置信息相结合,为社区管理部门提供直观的反馈,有助于提高决策的民主性与科学性。

在社区环境治理方面,GIS 鼓励居民参与环境问题监督与举报。居民发现社区内的环境污染、垃圾堆积等问题时,可通过应用程序上传问题照片与地理位置信息,GIS 实时接收并处理这些数据,将问题分配给相关部门进行处理,并及时反馈处理结果给居民。这种互动机制增强了居民对社区环境治理的参与感与责任感,促进了社区环境的改善。

(六)社区文化与历史资源保护传承

通过建立社区文化遗产数据库,对社区内的历史建筑、传统街区、非物质文化遗产等资源进行空间定位与信息整合。例如,利用 GIS 绘制社区文化遗产分布图,标注每处遗产的历史背景、文化价值、保护现状等信息,为文化遗产的保护与传承提供基础资料。

同时,GIS 还可用于社区文化活动的规划与推广。通过分析居民的文化需求与兴趣偏好,结合社区文化遗产的空间分布,利用 GIS 规划文化旅游路线、举办文化展览与演出等活动,促进社区文化的传承与发展。例如,在传统节日期间,利用 GIS 整合社区内的文化活动场所与活动信息,为居民提供一站式文化活动导航服务,增强居民对社区文化的认同感与归属感。

(七)社区商业服务优化布局

通过分析社区居民的消费行为、消费需求以及周边商业竞争状况,利用 GIS 进行商业网点选址与业态规划。例如,对社区内不同年龄段、不同收入水平的居民进行消费需求调查,结合其居住分布情况,利用 GIS 确定商业设施的最佳服务半径与覆盖范围,避免商业设施过度集中或分散。同时,根据居民的消费偏好,合理规划商业业态,如增加便利店、生鲜超市、餐饮店等满足居民日常生活需求的业态,提高社区商业服务的便利性与多样性。

在社区商业设施运营管理方面,GIS 可实时监测商业设施的经营状况与顾客流量,通过分析空间分布与时间变化规律,为商家提供经营决策支持。例如,商家可根据 GIS 提供的顾客流量热力图,调整商品陈列与促销活动策略,提高经营效益。此外,GIS 还可用于社区商业活动的策划与推广,通过整合商业设施与社区居民的信息,开展精准营销活动,促进社区商业的繁荣发展。

四、专项领域创新

(一)地理历史探究领域

在地理历史探究中,GIS 成为解析过去地理格局与历史进程的重要工具。对于古代城市发展研究,GIS 能够整合历史文献记载、考古发掘成果以及现代地理数据。以古代长安城为例,通过 GIS 对不同历史时期长安城的城市布局、宫殿位置、街道走向等进行空间复原。将古代舆图与现代地形地貌数据叠加,可清晰展现城市与周边地理环境的相互关系,分析城市选址的地理因素,如水源、交通、防御等。同时,利用 GIS 的空间分析功能,研究城市在不同朝代的扩张与收缩规律,探讨人口增长、经济发展等因素对城市空间结构的影响。

在历史气候变迁研究方面,GIS 整合了历史文献中的气候记录、冰芯、树轮等代用指标数据以及现代气象观测数据。通过对这些数据进行空间插值和分析,绘制历史气候时空分布图。例如,研究中国古代历史时期的干旱与洪涝灾害,利用 GIS 分析灾害发生的频率、强度和空间分布特征,揭示气候变化与人类社会活动的相互作用,此外,GIS 还可用于历史文化遗产的数字化保护与展示,将古建筑、古遗址等文化遗产的空间信息与历史文化内涵相结合,开发虚拟旅游系统,让公众更直观地感受历史文化的魅力。

(二)医疗健康服务领域

GIS 在医疗健康服务领域实现了疾病防控与医疗资源管理的精准化。在疾病监测与预警方面,GIS 整合了医疗机构的患者就诊数据、人口统计数据、环境监测数据等。以传染病防控为例,利用 GIS 绘制疫情热力图,实时展示疫情的空间分布和传播趋势。通过分析不同区域的人口密度、流动性以及环境因素,预测疫情的高风险区域,提前采取防控措施。同时,结合气象数据和交通流量数据,评估疫情在不同季节和交通网络中的传播风险,为疫情防控决策提供科学依据。

在医疗资源规划与管理方面,GIS 帮助卫生部门合理配置医疗资源。通过分析人口分布、医疗服务需求和交通可达性等因素,确定医疗机构的最优选址。例如,在城市新区规划中,利用 GIS 评估不同区域的医疗资源缺口,规划布局社区卫生服务中心、医院等医疗设施,提高医疗服务的可及性。此外,GIS 还可用于医疗物资的调配与运输管理,根据疫情发展和医疗需求,利用 GIS 网络分析技术规划最佳运输路线,确保医疗物资及时、准确地送达目的地。

(三)生态环境保护领域

GIS 在生态环境保护中为生态系统的动态监测与综合治理提供了有力支持。在生态环境监测方面,利用卫星遥感、无人机等技术与 GIS 相结合,实现了对森林、草原、湿地、海洋等生态系统的实时监测。通过遥感影像获取生态系统的植被覆盖度、生物量等信息,利用 GIS 进行空间分析和变化检测,及时发现生态系统的退化和破坏情况。例如,在森林资源监测中,利用 GIS 分析森林面积的变化、森林类型的分布以及森林健康状况,为森林资源的保护和管理提供决策依据。

(四)农业精准生产领域

GIS 在农业领域推动了精准农业的发展,实现了农业生产的精细化管理。在精准种植方面,利用 GIS 结合卫星遥感、无人机等技术,获取土壤肥力、作物长势、病虫害等信息,进行精准施肥、灌溉和病虫害防治。例如,通过对农田土壤养分含量的空间分析,利用 GIS 制定个性化的施肥方案,提高肥料利用率,减少环境污染。同时,根据作物生长状况和病虫害发生情况,利用 GIS 进行精准施药,降低农药使用量,保障农产品质量安全。

在农业资源管理方面,GIS 用于土地资源调查与评价、水资源管理、农业气候资源分析等。通过绘制土地利用现状图、土壤类型图等,评估土地资源的适宜性和生产潜力,为农业产业结构调整提供依据。在水资源管理中,利用 GIS 分析水资源的时空分布特征,制定合理的水资源调配方案,提高水资源利用效率。此外,GIS 还可用于农业生态环境的监测与评估,保障农业的可持续发展。

(五)文化遗产传承领域

GIS 为文化遗产保护传承提供了数字化保护与文化传播的新途径。在文化遗产数字化方面,利用三维激光扫描、摄影测量等技术获取文化遗产的高精度空间数据,结合 GIS 进行空间整合与管理,建立文化遗产的数字化档案。例如,对古建筑进行三维建模,记录其建筑结构、装饰细节等信息,实现文化遗产的永久保存。同时,利用 GIS 对文化遗产进行空间分析,挖掘文化遗产之间的空间关系和文化内涵,为文化遗产的研究和保护提供新的视角。

在文化传播方面,GIS 开发了虚拟旅游、在线展览等应用。通过构建文化遗产的虚拟场景,利用 GIS 的空间导航功能,让用户能够身临其境地感受文化遗产的魅力。同时,将文化遗产与周边的自然景观、历史事件等相结合,利用 GIS 进行空间关联分析,开发具有故事性的文化旅游线路,促进文化遗产的传承与创新。此外,GIS 还可用于文化遗产的监测与保护,对文化遗产的变形、病害等进行实时监测,及时发现安全隐患,采取保护措施。

(六)能源开发利用领域

GIS 在能源开发利用中实现了能源资源的评估与优化配置。在能源资源评估方面,利用 GIS 整合地质、地球物理、地球化学等多源数据,对煤炭、石油、天然气、风能、太阳能等能源资源进行空间分析和评价。例如,在风能资源评估中,利用 GIS 分析地形地貌、气象条件等因素,绘制风能资源分布图,确定风能资源丰富区域,为风电场的选址提供依据。

在能源开发规划与管理方面,GIS 帮助制定合理的能源开发规划。通过分析能源资源的分布、储量、开发条件以及市场需求等因素,利用 GIS 进行空间模拟和优化,确定能源开发项目的最佳布局和开发时序。同时,GIS 还可用于能源输送与分配的管理,规划能源管网和输电线路的布局,提高能源输送的效率和安全性。

第五章　无人机测绘技术

第一节　无人机测绘系统的组成与优势

一、无人机测绘系统架构

（一）无人机平台选型

1. 飞行性能与任务适应性

无人机的飞行性能包括飞行速度、飞行高度、机动性等，这些性能参数直接影响到测绘任务的执行效率和数据获取质量。例如，对于大面积快速巡查任务，如森林资源调查，固定翼无人机因其较长的续航时间和较大的覆盖范围而成为首选。这类无人机通常具有较高的飞行速度和较大的升限，能够在短时间内完成大面积区域的测绘。然而，固定翼无人机的起降条件较为苛刻，需要平坦开阔的空间，这在一定程度上限制了其应用范围。相比之下，多旋翼无人机更适合精细化操作场景，如病虫害监测、火灾预警等。多旋翼无人机具有垂直起降能力，无须特定场地即可起飞和降落，且飞行过程中机动性较好，能够灵活应对复杂地形和障碍物。

2. 载荷能力与任务需求

载荷能力是无人机平台选型的重要考虑因素之一。测绘任务往往需要搭载多种传感器设备，如激光雷达、光学相机等，这些设备通常具有较大的重量和体积。因此，无人机的载荷能力必须满足任务需求。例如，在森林测绘中，激光雷达作为关键传感器之一，其重量和体积较大，对无人机的载荷能力提出了较高要求。此外，无人机的载荷能力还需考虑传感器设备的安装方式和稳定性，以确保在飞行过程中能够稳定获取数据。

3. 续航时间与任务效率

续航时间直接关系到测绘任务的执行效率。对于大面积测绘任务，无人机的续航时间越长，任务执行效率越高。因此，在选型时应优先选择续航时间较长的无人机平台。例如，一些高端固定翼无人机通过采用高效能电池供电系统和轻量化复合材料机身结构，实现了长时间的连续工作，从而提高了测绘任务的执行效率。同时，无人机的续航时间还需考虑具体任务需求，如飞行速度、飞行高度、载荷重量等因素对续航时间的影响。

4. 操作便捷性与安全性

操作便捷性和安全性是无人机平台选型不可忽视的因素。测绘任务往往需要频繁起降和飞行操作，因此无人机的操作界面应简洁明了，易于上手。同时，无人机还应具备自动返航、避障等安全功能，以确保在飞行过程中遇到突发情况时能够迅速做出反应，保障设备和数据的安全。例如，一些多旋翼无人机通过集成智能避障系统和一键返航功能，提高了飞行的安全性和便捷性。

（二）载荷传感器配置

1. 激光雷达的配置

激光雷达的配置需考虑扫描频率、扫描角度、测量精度等因素。扫描频率决定了激光雷达在单位时间内能够获取的数据量，扫描角度决定了激光雷达的视场范围。对于大面积快速巡查任务，应选择扫描频率较高、扫描角度较大的激光雷达，以提高数据获取效率。同时，测量精度也是激光雷达配置的重要考虑因素之一。激光雷达的测量精度直接影响到树木高度、冠幅等参数的提取精度，进而影响整个测绘结果的准确性。因此，在选型时应优先选择测量精度较高的激光雷达产品。

2. 光学相机的配置

光学相机是无人机测绘系统中常用的传感器之一，能够获取地表的高清可见光图像。在森林测绘中，光学相机的配置需考虑分辨率、焦距、镜头类型等因素。分辨率决定了光学相机能够获取图像的清晰程度，焦距决定了光学相机的视场范围和成像距离。对于需要精细观测的场景，如病虫害监测等，应选择分辨率较高、焦距较长的光学相机产品。同时，镜头类型也是光学相机配置的重要考虑因素之一。例如，对于需要获取大视角图像的场景，可选择鱼眼镜头或超广角镜头；对于需要获取远距离图像的场景，则可选择长焦镜头或望远镜头。

3. 多光谱相机与红外传感器的配置

多光谱相机和红外传感器是无人机测绘系统中用于获取地表光谱信息和热辐射信息的传感器。在森林测绘中，这些传感器的配置需考虑光谱范围、分辨率、灵敏度等因素。多光谱相机能够获取地表不同波段的光谱信息，进而揭示地表物质的组成和分布规律。多光谱相机可用于监测植被生长状况、评估森林健康状况等。红外传感器则能够获取地表物体的热辐射信息,进而揭示地表物体的温度分布规律。红外传感器可用于监测森林火灾、评估森林生态功能等。因此,在配置多光谱相机和红外传感器时,应根据具体任务需求选择合适的传感器产品,并考虑其光谱范围、分辨率和灵敏度等性能指标。

4. 传感器间的协同工作

在无人机测绘系统中,多种传感器往往需要协同工作以获取更全面的地理信息数据。因此,在配置传感器时,还需考虑传感器间的协同性和兼容性。例如,激光雷达和光学相机可以通过时间同步和空间配准技术实现数据的融合处理,进而生成高精度的三维模型和地表影像图;多光谱相机和红外传感器也可以通过数据融合技术揭示地表物质的组成和分布规律以及温度分布规律等信息。

(三)数据传输链路

1. 链路类型与选择

数据传输链路主要分为有线链路和无线链路两大类。有线链路通过物理线缆连接无人机与地面站,虽然传输稳定、抗干扰能力强,但在实际测绘中受到线缆长度的限制,且操作不便,因此较少采用。无线链路则利用电磁波进行数据传输,具有传输距离远、灵活性高的优点,是无人机测绘系统中的主流选择。

无线链路进一步分为视距链路和非视距链路。视距链路要求无人机与地面站之间保持直线可视,传输距离相对有限,但信号稳定,延迟小。非视距链路则利用卫星或中继设备实现超视距传输,适用于远距离或复杂地形下的测绘任务。在实际应用中,需根据测绘区域的地形、气候条件以及任务需求,合理选择链路类型。

2. 带宽与传输速率

带宽和传输速率是数据传输链路的关键性能指标。激光雷达测绘任务产生的大量数据需要高带宽的链路进行传输,以确保数据的完整性和实时性。同时,传输速率也直接影响到数据处理的效率和测绘成果的时效性。因此,在选择数据传输链路时,应充分考虑其带宽和传输速率是否满足测绘任务的需求。

3. 抗干扰能力与稳定性

在复杂的电磁环境中,数据传输链路可能受到各种干扰,如无线电干扰、天气影响等。因此,链路的抗干扰能力和稳定性是确保测绘任务顺利进行的重要保障。采用先进的调制解调技术、加密技术以及错误纠正技术，可以有效提高链路的抗干扰能力和稳定性，确保数据的准确传输。

（四）地面控制系统

1. 飞行控制与导航

地面控制系统通过无线链路与无人机进行实时通信，实现对无人机的飞行控制和导航。飞行控制功能包括无人机的起飞、降落、速度调整、高度保持以及航向控制等。导航功能通过北斗等定位系统，实时获取无人机的位置信息，为飞行控制提供准确的参考。地面控制系统还应具备自动避障功能，确保无人机在飞行过程中能够避开障碍物，保证飞行安全。

2. 数据采集与监控

地面控制系统负责接收无人机传输的实时数据，并进行处理和存储。在激光雷达测绘任务中，地面控制系统需要能够实时接收激光雷达采集的三维点云数据，并进行预处理和质量控制。同时，地面控制系统还应具备对无人机状态的实时监控功能，如电池电量、飞行速度、高度等，以确保无人机在测绘过程中处于良好状态。

3. 任务规划与调度

地面控制系统应具备任务规划和调度功能，能够根据测绘任务的需求，制订合理的飞行计划和数据采集方案。任务规划功能包括飞行路径的规划、数据采集点的设置以及飞行高度的调整等。调度功能则负责在多个测绘任务之间进行资源分配和优先级排序，以确保测绘任务的高效执行。

4. 用户界面与操作便捷性

地面控制系统的用户界面应简洁明了，易于操作。用户可以通过界面实时查看无人机的飞行状态、数据采集情况以及测绘成果等。同时，地面控制系统还应提供丰富的操作选项和设置功能，以满足不同用户的需求。例如，用户可以根据实际需要调整无人机的飞行参数、数据采集频率以及数据处理方式等。

5. 智能化与自动化

随着人工智能技术的不断发展，地面控制系统的智能化和自动化水平也在不断提高。智能化功能包括自动识别测绘区域、自动调整飞行参数以及自动处理数据等。自动化功能则能够实现无人机的自动起飞、降落以及按照预设路径进行飞行和数据采集等。智能化和自动化技术的应用，大大提高了无人机测绘任务的效率和成果质量。

二、核心硬件模块解析

（一）飞控系统

1. 姿态控制

姿态控制是飞控系统的基础功能之一。它利用传感器（如陀螺仪、加速度计等）获取无人机的姿态信息，并通过算法计算出无人机的姿态角（俯仰角、滚转角、偏航角）。飞控系统根据这些姿态角信息，通过控制电机或舵机等执行机构，调整无人机的姿态，确保其稳定飞行。在激光雷达测绘任务中，无人机的姿态稳定性直接影响到激光雷达数据的采集质量。如果无人机姿态不稳定，可能会导致激光雷达数据出现偏差，从而影响后续的测绘精度和三维建模。

2. 导航定位

导航定位是飞控系统的另一关键功能。它利用全球定位系统或惯性导航系统等传感器，获取无人机的位置、速度、航向等信息。飞控系统根据这些信息，实现无人机的自主导航和精确定位。在激光雷达测绘任务中，导航定位功能对于无人机的飞行路径规划和数据采集点的设置至关重要。通过精确的导航定位，无人机可以按照预设的飞行路径飞行，确保数据采集的均匀性和覆盖性。

3. 任务规划及执行

任务规划及执行是飞控系统的高级功能。它允许用户通过地面控制站或移动设备等终端，设置无人机的飞行任务，包括飞行路径、数据采集频率、激光雷达工作模式等。飞控系统根据这些任务指令，自动规划无人机的飞行路径，并控制无人机的飞行状态和数据采集过程。在激光雷达测绘任务中，任务规划及执行功能可以大大提高测绘效率，减少人工干预，降低操作难度。

4. 避障与安全性

避障与安全性是飞控系统不可或缺的功能。它利用传感器（如超声波传感器、红外传感器、视觉传感器等）检测无人机周围的障碍物，并通过算法计算出无人机的避障路径。飞控系统根据这些避障路径，控制无人机的飞行状态，避免与障碍物发生碰撞。在激光雷达测绘任务中，由于测绘区域往往地形复杂、障碍物众多，避障与安全性功能显得尤为重要。它不仅可以保护无人机的安全，还可以确保测绘任务的顺利进行。

5. 算法与软件支持

飞控系统的稳定性和精确性还取决于其算法与软件支持。飞控系统通常采用先进的控制算法和滤波算法,对传感器数据进行实时处理和分析,提高无人机的飞行稳定性和精确性。同时,飞控系统还需要支持多种通信协议和接口标准,以便与其他硬件模块(如激光雷达、云台稳定系统等)进行无缝对接和协同工作。

(二)动力电池与能源管理

1. 动力电池性能

动力电池的性能是无人机续航时间的决定性因素之一。它主要包括电池的容量、能量密度、充放电效率等指标。在激光雷达测绘任务中,由于测绘区域往往广阔且地形复杂,无人机需要长时间飞行才能完成测绘任务。因此,动力电池需要具备较高的容量和能量密度,以提供足够的电能支持。同时,动力电池还需要具备较高的充放电倍率,以便在短时间内为无人机提供足够的电能支持。

2. 能源管理策略

能源管理策略是确保无人机电能合理分配和利用的关键。它主要包括电池的充电管理、放电管理、均衡管理等方面。在激光雷达测绘任务中,由于测绘任务的不同阶段对电能的需求不同(如起飞、飞行、数据采集等阶段),能源管理策略需要根据实际情况进行动态调整。例如,在起飞阶段,需要为无人机提供足够的电能支持其快速升空;在飞行阶段,需要保持电能的合理分配和利用,以确保无人机的稳定飞行;在数据采集阶段,需要为激光雷达等传感器提供足够的电能支持其高效工作。

3. 热管理与安全保护

热管理与安全保护是动力电池与能源管理系统的重要组成部分。动力电池在充放电过程中会产生大量的热量,如果热量无法及时散发,会导致电池温度升高、性能下降甚至引发安全事故。因此,动力电池需要具备有效的热管理措施(如散热片、风扇等),以确保电池的正常工作温度和性能稳定性。同时,能源管理系统还需要具备完善的安全保护措施(如过充保护、过放保护、短路保护等),以防止电池在充放电过程中发生安全事故。

（三）云台稳定系统

1. 机械结构设计

云台稳定系统的机械结构设计是其稳定性和精确性的基础。它通常采用高精度的机械结构和材料，以确保传感器在飞行过程中的稳定性和精确性。同时，云台稳定系统还需要具备灵活的调节功能，以便根据实际情况调整传感器的姿态和角度。

2. 控制算法与驱动电机

控制算法和驱动电机是云台稳定系统实现稳定性和精确性的关键。控制算法通常采用先进的控制理论和算法（如 PID 控制、模糊控制等），对传感器的姿态和角度进行实时计算与调整。驱动电机则负责将控制算法计算出的结果转换为实际的机械运动，以实现对传感器姿态和角度的精确控制。

3. 减震与隔振措施

减震与隔振措施是云台稳定系统提高稳定性和精确性的重要手段。在飞行过程中，无人机会受到气流、振动等多种因素的影响，导致传感器产生偏差和抖动。为了降低这些因素的影响，云台稳定系统需要采取有效的减震与隔振措施（如减震器、隔振垫等），以确保传感器的稳定性和精确性。

4. 环境适应性与可靠性

环境适应性与可靠性是云台稳定系统在实际应用中需要考虑的重要因素。在激光雷达测绘任务中，测绘区域往往地形复杂、气候条件多变。因此，云台稳定系统需要具备较高的环境适应性和可靠性，以确保在各种恶劣环境下都能正常工作。例如，在高温、低温、潮湿等环境下，云台稳定系统需要保持其稳定性和精确性；在强风、暴雨等恶劣天气条件下，云台稳定系统需要具备较强的抗风能力和防水性能。

三、数据获取与处理流程

（一）航迹规划算法

1. 地形与障碍物感知

地形与障碍物感知是航迹规划算法的基础。在激光雷达测绘任务中，无人机需要飞行在复杂的地形和障碍物环境中，因此航迹规划算法必须能够准确地感知和识别地形与障碍物信息。这通常依赖于激光雷达、视觉传感器等多种传感器的数据融合，以及先进的地形建模和障碍物检测技术。通过实时感知地形和障碍物信息，航迹规划算法能够避免无人机与障碍物发生碰撞，并确保其在安全的高度和范围内飞行。

2. 测绘需求与任务优化

测绘需求与任务优化是航迹规划算法的另一重要方面。在三维建模和森林测绘中，测绘需求可能涉及不同的精度要求、覆盖范围和数据采集频率等。航迹规划算法需要根据这些需求，优化飞行路径和数据采集策略，以确保测绘任务的顺利完成。例如，在高精度的三维建模任务中，无人机可能需要以较低的飞行速度和较高的数据采集频率进行飞行；在大面积的森林测绘任务中，无人机则需要以较快的飞行速度和较宽的覆盖范围飞行。

3. 路径规划与避障策略

路径规划与避障策略是航迹规划算法的核心功能。在感知到地形与障碍物信息后，航迹规划算法需要根据测绘需求和任务优化结果，制定出最优的飞行路径。这通常涉及复杂的路径搜索和优化算法，如粒子群优化算法等。同时，航迹规划算法还需要制定避障策略，以确保无人机在飞行过程中能够避开障碍物，并保持稳定的飞行姿态。避障策略包括紧急避障、预测避障等多种方法，以应对不同的飞行环境和障碍物情况。

4. 实时性与鲁棒性

实时性与鲁棒性是航迹规划算法在实际应用中需要考虑的重要因素。由于无人机在飞行过程中需要实时感知和处理地形与障碍物信息，航迹规划算法必须具备较高的实时性，以确保无人机能够迅速做出反应并调整飞行路径。同时，航迹规划算法还需要具备较高的鲁棒性，以应对各种复杂和不确定的飞行环境。这通常涉及算法的稳定性、容错性和自适应性等方面的优化。

（二）影像预处理

1. 噪声抑制与增强

噪声抑制与增强是影像预处理的一个重要步骤。无人机在飞行过程中会受到传感器噪声、大气散射等因素的影响，导致采集到的影像数据存在噪声干扰问题。噪声抑制与增强的目的就是通过一系列的数学模型和算法，消除这些噪声干扰问题，并提高影像数据的清晰度和对比度。噪声抑制与增强通常包括中值滤波、均值滤波、直方图均衡化等多个步骤，以确保影像数据的可读性和可分析性。

2. 特征提取与分类

特征提取与分类是影像预处理中的高级步骤。在三维建模和森林测绘中,影像数据往往包含大量的地表特征信息(如植被、建筑物、道路等)。特征提取与分类的目的就是通过一系列的数学模型和算法,提取出这些地表特征信息,并对其进行分类和标识。这通常涉及复杂的图像分割、特征匹配和机器学习算法等。通过特征提取与分类,可以为后续的三维建模和森林测绘提供更加准确和可靠的数据支持。

(三)空三加密与点云生成

1. 空三加密原理与方法

空三加密是一种基于影像数据的三维重建技术。它通过一系列的数学模型和算法,利用影像数据中的特征点信息,计算出影像之间的相对位置和姿态关系,然后,通过最小二乘法等优化算法,求解出影像的绝对位置和姿态关系。最终,通过三角测量等算法,生成高精度的三维点云数据。空三加密通常包括特征点提取、影像匹配、相对定向、绝对定向等多个步骤。这些步骤需要依赖先进的计算机视觉和图像处理算法,以确保空三加密的准确性和可靠性。

2. 点云生成与滤波

在空三加密处理完成后,可以生成高精度的三维点云数据。然而,由于各种原因(如传感器噪声、大气散射等),这些点云数据可能存在噪声干扰和异常值问题。因此,在点云数据用于后续处理之前,必须对其进行滤波处理以提高数据质量。点云滤波通常包括均值滤波、中值滤波、高斯滤波等多种方法。这些方法可以有效地去除点云数据中的噪声干扰和异常值问题,使点云数据更加准确和可靠。

3. 点云配准与融合

在激光雷达测绘任务中,无人机在飞行过程中需要采集多张影像数据以生成三维点云数据。点云配准是指将多张影像数据生成的点云数据对齐到同一个坐标系中,以消除它们之间的相对位置和姿态差异。点云配准与融合通常包括粗配准、精配准和融合算法等多个步骤。

4. 点云压缩与存储

在激光雷达测绘任务中,生成的三维点云数据往往包含大量的数据点信息。这些数据点信息在存储和传输过程中会占用大量的资源和时间。因此,在点云数据用于后续处理之前,需要对其进行压缩处理以减少数据量和传输时间。点云压缩通常包括几何压缩、属性压缩和混合压缩等多种方法。这些方法可以有效地减少点云数据的数据量和传输时间,同时保持数据的准确性和可靠性。在点云数据压缩完成后,可以将其存储在硬盘、云端等存储设备中,以便后续的处理和应用。

四、技术优势对比分析

(一)时效性优势

1. 快速数据采集

激光雷达通过发射激光脉冲并接收其反射信号,能够快速获取目标物体的三维信息。与传统的测量方法相比,激光雷达具有更高的数据采集速度。例如,在森林测绘中,激光雷达可以快速扫描大面积区域,获取树木的高度、树冠密度等关键信息,而无须像传统方法那样逐棵树木进行测量。这种快速数据采集能力使得激光雷达能够在短时间内完成大规模的三维建模和森林测绘任务,为相关决策提供了及时的数据支持。

2. 实时数据处理

除了快速数据采集外,激光雷达还具备实时数据处理能力。随着计算机技术和算法的不断进步,激光雷达系统能够在数据采集的同时进行实时处理和分析。这种实时数据处理能力使得激光雷达能够迅速响应环境变化,及时调整测绘策略,提高测绘精度和效率。例如,在三维建模中,激光雷达可以根据实时处理结果,动态调整扫描路径和采样密度,以获取更加准确和完整的三维模型。

3. 即时反馈与决策支持

激光雷达的时效性优势还体现在其即时反馈与决策支持能力上。通过快速数据采集和实时数据处理,激光雷达能够迅速生成测绘结果,并将其反馈给相关决策者。这些结果不仅包含了目标物体的三维信息,还可能包括其动态变化过程。例如,在森林火灾监测中,激光雷达可以快速获取火场的三维结构和火势蔓延情况,为消防人员提供即时的决策支持。

(二)成本效益优势

1. 高效数据采集与低成本维护

激光雷达通过激光脉冲进行测距和成像,具有高效的数据采集能力。与传统的测量方法相比,激光雷达能够在更短的时间内完成更大面积的数据采集任务,从而降低数据采集成本。此外,激光雷达系统的维护成本也相对较低。

2. 高精度测绘与减少返工成本

激光雷达的高精度测绘能力也是其成本效益优势的重要体现。通过精确测量目标物体的三维信息,激光雷达能够生成高质量的三维模型和测绘结果。这些结果不仅准确度高,而且细节丰富,能够满足各种应用需求。由于激光雷达的测绘精度较高,减少了因测绘误差造成的返工成本。例如,在林业资源管理中,激光雷达可以准确测量树木的高度和胸径等关键信息,为森林经营提供科学依据,减少了因测量误差导致的木材浪费和经济损失。

3. 广泛应用与多元化收益

激光雷达技术的广泛应用也是其成本效益优势的重要来源。随着激光雷达技术的不断发展和成熟,其应用领域逐渐扩大。除了三维建模和森林测绘外,激光雷达还广泛应用于自动驾驶、机器人导航、环境监测等多个领域。这种广泛应用使得激光雷达技术能够实现多元化收益,降低单位成本。例如,在自动驾驶领域,激光雷达可以为车辆提供高精度的环境感知能力,提高行驶安全性和可靠性;在环境监测领域,激光雷达可以实时监测大气质量和水质等环境指标,为环境保护提供科学依据。这些应用不仅为激光雷达技术带来了广泛的市场需求,还降低了其单位成本,提高了成本效益。

(三)空间可达性

1. 非接触式测量与复杂环境适应性

激光雷达采用非接触式测量方式,能够穿透茂密的植被和复杂的地形环境进行测绘。例如,在森林测绘中,激光雷达可以穿透树冠层,准确测量树木的高度和树冠密度等关键信息;在山区地形测绘中,激光雷达可以克服地形起伏和遮挡等问题,获取全面的地形信息。这种对复杂环境的适应性使得激光雷达技术在三维建模和森林测绘领域具有更广泛的应用前景。

2. 大范围覆盖与高精度测绘

激光雷达具有大范围覆盖和高精度测绘的能力。通过集成全球定位系统和惯性导航系统等先进技术,激光雷达可以实现大范围、高精度的三维测绘任务。例如,在三维城市建模中,激光雷达可以快速获取城市建筑物的三维信息,生成高质量的三维城市模型;在森林资源调查中,激光雷达可以覆盖大面积的森林区域,准确测量林木的高度、胸径和树冠密度等关键信息。

3. 高空与地面联合测绘与多层次信息获取

激光雷达技术还可以实现高空与地面联合测绘,获取多层次的信息。通过搭载在无人机或飞机上,激光雷达可以在高空进行大范围的三维测绘任务。

同时,通过地面激光雷达系统,可以对特定区域进行高精度的三维建模和测绘。这种高空与地面联合测绘方式不仅可以获取全面的地形和地貌信息,还可以获取地表植被、建筑物等细节信息。例如,在城市规划中,激光雷达可以获取城市的三维地形数据和建筑物信息,为城市设计和规划提供科学依据。此外,激光雷达技术还可以与其他遥感技术(如多光谱成像、合成孔径雷达等)进行融合应用,进一步提高测绘的准确性和可靠性。

第二节　无人机航摄规划与数据处理技术

一、无人机航摄规划技术

(一)航线设计原理

1. 飞行高度

根据摄影测量原理,地面分辨率(GSD)取决于飞行高度、相机焦距和像元大小。在相机参数确定的情况下,通过调整飞行高度可以获得不同分辨率的影像。例如,在测绘大比例尺地形图时,需要较高的地面分辨率,此时应降低飞行高度;对于大面积的区域概览性航摄,可适当提高飞行高度以增加航摄效率。同时,飞行高度的选择还需考虑测区的地形起伏情况,避免因地形变化导致无人机与地面障碍物发生碰撞。

2. 地形地貌

对于地形平坦、开阔的测区,可采用规则的"S"形或"之"字形航线,以保证影像的均匀覆盖和高效获取,而在地形复杂、起伏较大的区域,如山区、丘陵地带,需要采用更加灵活的航线设计方式,如"井"字形航线或根据地形等高线进行自适应航线规划,以确保无人机能够安全飞行并获取到完整的地形信息,此外,还需考虑测区内的障碍物分布情况,如建筑物、高压线等,在航线规划时设置合理的避障距离,保障无人机的飞行安全。

3. 气象条件

风速、风向、云层厚度、光照强度等气象要素都会影响无人机的飞行稳定性和影像质量。强风可能导致无人机飞行姿态不稳定,影响影像的清晰度和重叠度;云层过厚会降低光照强度,导致影像曝光不足,影响后续的影像处理。因此,在航线设计前,需要收集测区的气象资料,选择合适的飞行时间和天气条件进行航摄作业。

（二）航线设计流程

1. 任务需求分析

航线设计的首要步骤是对任务需求进行全面深入的分析，明确航摄的目的、范围、精度要求以及成果形式等关键信息。例如，如果任务是进行城市规划用地调查，则需要获取高分辨率的正射影像图和详细的数字高程模型，对影像的地面分辨率和重叠度要求较高；如果是进行农业资源监测，可能更关注大范围的地物覆盖信息，对航摄效率的要求相对较高。通过准确把握任务需求，为后续的航线设计提供明确的目标和方向。

2. 测区信息收集与处理

收集测区的地理信息数据，包括地形图、卫星影像、数字高程模型（DEM）等，然后利用 GIS 软件对收集到的数据进行处理和分析，了解测区的地形地貌特征、障碍物分布、空域限制等情况。通过在卫星影像上进行初步的航测范围划定和飞行架次估算，为航线规划提供基础数据支持。同时，对测区内的特殊区域，如军事禁区、机场净空保护区等进行标注，避免在航线设计中出现违规飞行的情况。

3. 航线参数确定

根据任务需求和测区信息，确定航线设计的关键参数，包括飞行高度、航向重叠度、旁向重叠度、航线间距、航线长度等。飞行高度的确定需综合考虑地面分辨率要求、地形起伏和气象条件等因素；航向和旁向重叠度的设置应满足摄影测量的精度要求；航线间距和航线长度则根据测区的大小和无人机的续航能力进行合理规划。例如，对于大面积的航摄任务，可采用较长的航线长度和适当的航线间距，以提高航摄效率；对于小面积、高精度的航摄任务，则需缩短航线长度、增加航线密度，确保影像的覆盖精度。

4. 航线模拟与验证

在完成航线规划后，进行航线模拟与验证是必不可少的环节。通过地面站软件或无人机模拟器，模拟无人机的实际飞行过程，检查航线在飞行过程中的安全性、稳定性和有效性。观察无人机是否能够按照规划的航线准确飞行，是否能够避开障碍物，影像的重叠度和覆盖范围是否满足要求等。如果发现航线存在问题，及时进行调整和优化，直至航线模拟验证通过。

5. 航线上传与执行

将验证通过的航线数据上传至无人机的飞行控制系统。在执行航摄任务前，对无人机进行全面的检查和调试，确保无人机处于良好的飞行状态。按照预定的飞行计划,启动无人机进行航摄作业。在飞行过程中,实时监控无人机的飞行状态和影像数据质量,根据实际情况进行必要的调整。

6. 数据处理与评估

航摄任务完成后,对采集到的影像数据进行处理和分析。利用摄影测量软件进行影像的拼接、配准、正射校正等处理,生成正射影像图、数字高程模型等成果。对生成的成果进行精度评估和质量检查,与任务需求进行对比,验证航线设计的合理性和有效性。如果成果质量不满足要求,分析原因,总结经验教训,为后续的航线设计提供参考。

(三)航摄参数优化策略

1. 相机参数优化

相机是无人机航拍的核心设备,其参数设置直接影响影像质量。因此,需要根据任务需求和飞行环境,合理调整相机的焦距、光圈、快门速度、ISO 等参数。例如,在光照条件较好的情况下,可以使用较小的光圈和较快的快门速度来确保影像的清晰度和细节;在光照条件较差的情况下,则需要适当提高 ISO 值以增加影像的亮度。

2. 飞行姿态控制

无人机的飞行姿态对影像质量也有重要影响。在飞行过程中,需要保持无人机的稳定飞行姿态,避免出现倾斜、抖动等情况。这可以通过优化飞行控制系统和采用先进的姿态控制算法来实现。例如,采用 PID 控制算法、模糊控制算法等,根据无人机的实际飞行状态和目标状态,实时调整控制参数,确保无人机的稳定飞行。

3. 重叠度与分辨率平衡

如前所述,航线间距和航向重叠度是影响影像数据质量和测绘精度的重要参数。然而,在实际应用中,这两个参数往往存在一定的矛盾。增加重叠度可以提高测绘精度,但同时也会增加数据处理难度和成本;降低重叠度则可能无法满足测绘精度的要求。因此,需要在满足任务需求的前提下,合理平衡重叠度与分辨率的关系。例如,对于高精度测绘任务,可以采用较高的重叠度和较低的飞行高度;对于一般性的监测任务,则可以适当降低重叠度和飞行高度以提高效率。

4. 光照条件与拍摄时段选择

光照条件对影像质量也有重要影响。在强光照射下,影像可能会出现过曝或阴影过重的情况;在弱光照射下,影像则可能会出现噪点过多或细节模糊的问题。因此，需要根据测区的光照条件和任务需求，合理选择拍摄时段。例如，在晴天拍摄时，可以选择中午时分拍摄以最小化阴影区域；在阴天或多云天气拍摄时，则可以利用柔和的漫射光来提高影像质量。

5. 多传感器融合

随着无人机技术的不断发展，越来越多的无人机开始搭载多种传感器进行航拍。例如，除了传统的 RGB 相机外，还可以搭载红外热成像仪、激光雷达等设备。通过多传感器融合技术，可以将不同传感器获取的数据进行融合处理，提高数据的准确性和可靠性。例如，将 RGB 影像与红外热成像数据融合，可以实现昼夜监测和温度异常检测等功能。

二、航摄数据处理技术

（一）影像预处理技术

1. 几何校正与畸变补偿

无人机平台在飞行过程中受气流、姿态变化等因素影响，易导致影像产生几何畸变。几何校正通过数学模型（如多项式模型、有理函数模型）对影像进行正射校正，消除因镜头畸变、倾斜拍摄和地形起伏引起的位移。例如，基于共线方程的物理模型可精确描述像点与物点的几何关系，结合地面控制点（GCPs）或定位测姿系统（POS）数据，实现影像的高精度几何校正，此外，差分 GPS（D-GPS）和惯性导航系统（INS）的集成使用可进一步提升校正精度，减少外业控制点布设成本。

2. 辐射校正与增强

辐射校正旨在消除传感器响应不一致、大气衰减和光照条件变化对影像光谱信息的影响。常见方法包括暗电流校正、平场校正和大气校正。例如，基于 6S 模型或 MODTRAN 模型的大气校正可量化大气散射和吸收对影像光谱的干扰，恢复地物真实反射率。影像增强技术（如直方图均衡化、对比度拉伸）则用于提升影像的视觉效果，突出地物特征，为后续分类和识别提供高质量输入。

3. 影像配准与镶嵌

影像配准是将多幅影像在空间上对齐的过程，其核心是特征点提取与匹配。尺度不变特征变换（SIFT）、加速稳健特征（SURF）等算法通过提取影像中的显著特征点，建立同名点对应关系，进而计算变换矩阵实现影像对齐。镶嵌技术则将配准后的影像无缝拼接为完整区域覆盖图，需解决拼接缝消除、色彩平衡和曝光差异补偿等问题。例如,基于羽化处理的拼接算法可平滑过渡相邻影像的重叠区域,避免明显接缝。

4. 噪声抑制与滤波

无人机影像易受传感器噪声、量化误差和传输干扰等影响。空间域滤波(如中值滤波、高斯滤波)和频率域滤波(如小波变换)可有效抑制噪声,同时保留地物边缘信息。例如,自适应中值滤波根据局部窗口内像素的统计特性动态调整滤波参数,在去除噪声的同时避免过度平滑。

(二)数据分析与建模

1. 地物分类与目标识别

地物分类通过区分影像中的不同地物类型(如建筑、植被、水体),为地理信息提取提供基础。传统方法基于光谱特征(如 NDVI 指数)和纹理特征(如灰度共生矩阵)进行分类,但受限于复杂场景下的类间混淆问题。深度学习技术(如卷积神经网络)的引入显著提升了分类精度,例如 U-Net 架构在遥感影像语义分割中表现出色,能够精细识别地物边界。目标识别则进一步聚焦于特定地物(如车辆、道路)的定位与属性提取,结合目标检测算法(如 YOLO、FasterR-CNN)可实现高效自动化识别。

2. 三维重建与数字表面模型(DSM)生成

三维重建通过多视角影像匹配恢复地物三维结构,是城市建模、地形分析的关键技术。基于立体匹配(如半全局匹配 SGM)和密集点云生成的方法可构建高精度 DSM,结合多视图几何约束优化点云密度和精度。例如,无人机倾斜摄影测量通过五镜头相机同步采集多视角影像,显著提升三维重建的完整性和细节表现。生成的 DSM 可进一步用于生成数字高程模型(DEM)和正射影像(DOM),服务于地形分析、洪水模拟等领域。

3. 变化检测与动态监测

变化检测通过对比多时相影像识别地物变化区域,广泛应用于土地利用监测、灾害评估等场景。基于像素级、特征级或对象级的变化检测方法各有优劣:像素级方法(如差值法、变化向量分析)计算简单但易受噪声影响;对象级方法(如面向对象分析)通过分割影像为同质区域,结合形态学和光谱特征提升检测鲁棒性。深度学习技术(如 Siamese 网络)通过学习时序影像间的特征差异,进一步提高了变化检测的自动化程度和精度。

4. 空间分析与模型构建

空间分析结合 GIS 技术,对提取的地理信息进行统计、插值和模拟。例如,克里金插值法可基于采样点数据生成连续空间分布图,服务于土壤湿度、污染物扩散等环境变量分析。地理加权回归(GWR)等模型则用于探索地理现象的空间异质性,揭示变量间的局部关系。在灾害应急中,基于无人机影像的快速空间分析可为救援路径规划、损失评估提供决策支持。

(三)成果输出

根据用户需求,处理结果可输出为 DOM、DEM、DSM、点云等标准化产品。例如,DOM 需满足地图制图的比例尺精度要求,DEM 需符合地形分析的垂直精度标准。产品生成需遵循行业规范(如国家测绘标准),并通过质量检查(如接边精度验证、逻辑一致性检查)确保可靠性,此外,产品元数据(如采集时间、分辨率、坐标系等)的完整记录是数据共享和追溯的关键。

第三节　无人机测绘在灾害监测、农业估产中的应用

一、无人机测绘在灾害监测中的应用

(一)地震灾后建筑物损毁与道路中断评估

1. 建筑物损毁评估

无人机搭载高分辨率相机、激光雷达等传感器,能够快速获取灾区建筑物的高清影像和三维点云数据。通过对影像数据的处理和分析,可以精确测量建筑物的裂缝宽度、倾斜角度、墙体位移等参数,判断建筑物的结构受损程度。例如,在影像上,利用图像识别算法可自动提取建筑物的轮廓特征,与震前数据进行对比,识别出新增的裂缝和破损区域。结合三维点云数据,能够生成建筑物的三维模型,直观展示建筑物的变形情况,为评估建筑物的安全性提供依据。

2. 道路中断评估

无人机可对灾区道路进行全方位、多角度的航拍。通过分析影像数据,能够准确识别道路的裂缝、塌陷、桥梁断裂等情况,确定道路中断的具体位置和范围。利用激光雷达数据,还可以获取道路的高程信息,分析道路的坡度变化和地形起伏,为制定道路抢修方案提供精确的地形数据。例如,在山区道路中断评估中,无人机能够快速穿越复杂地形,获取道路两侧山体的稳定性信息,判断是否存在山体滑坡等次生灾害对道路的潜在威胁。

（二）洪水淹没范围动态监测与灾情演进追踪

1. 洪水淹没范围动态监测

无人机搭载的水位传感器、多光谱相机等设备，能够实时获取洪水的水位、流速、淹没深度等信息。通过定期或连续的航拍，获取不同时间节点的洪水影像数据，利用图像处理技术对影像进行对比分析，可以精确计算出洪水的淹没范围和面积变化。例如，利用归一化水体指数（NDWI）可以从多光谱影像中提取水体信息，生成洪水淹没范围的专题图，直观展示洪水的演进情况。

2. 灾情演进追踪

无人机可以沿着洪水流向进行航线规划，对重点区域进行高频次监测。通过分析不同时间段的影像数据，可以了解洪水的流速变化、淹没范围的扩展趋势以及可能影响的区域。结合气象数据和地形数据，还可以对洪水的未来发展趋势进行预测，为防洪决策提供科学依据。例如，在洪水期间，无人机可以实时监测水库大坝的险情，及时发现大坝的渗漏、裂缝等问题，为采取应急措施提供预警信息。

（三）火灾火势蔓延路径实时成像与热区定位

1. 火势蔓延路径实时成像

无人机搭载的红外热成像相机能够穿透烟雾，实时获取火灾现场的温度分布图像。通过对红外图像的处理和分析，可以清晰地显示火势的蔓延方向、燃烧强度和范围变化。例如，利用温度阈值分割算法可以从红外图像中提取出高温区域，生成火势蔓延的动态图像，为消防指挥人员提供直观的火场态势信息。

2. 热区定位

无人机可以精确测量火灾现场的温度数据，确定热区的具体位置和温度分布情况。结合地理信息系统（GIS）技术，将热区数据与地形、建筑物等信息进行叠加分析，可以评估火灾对周边环境和建筑物的影响程度。例如，在森林火灾中，无人机可以实时监测火场的热点位置和温度变化，为消防人员制定灭火策略提供依据，避免火灾向重要区域蔓延。

3. 救援指引

无人机测绘技术还可以为消防人员提供实时的火场导航和救援指引。通过将火场信息传输至消防人员的移动终端设备，消防人员可以实时了解火场的动态变化，合理规划灭火路线和救援方案。同时，无人机还可以搭载喊话器、照明设备等辅助设备，为消防救援工作提供支持。

（四）滑坡、泥石流隐患区域地形形变监测

1. 高精度地形数据获取

无人机搭载多光谱相机、激光雷达等传感器，能高效获取滑坡、泥石流隐患区域的高精度地形数据。多光谱相机可捕捉不同波段的光谱信息，通过分析光谱反射率差异，能识别出滑坡体表面植被覆盖变化、土壤湿度等与地形形变相关的特征。激光雷达则以高频率发射激光脉冲，精确测量目标物体的距离，构建出高分辨率的三维点云模型，清晰呈现地形起伏、裂缝走向等细节。例如，在复杂山区滑坡隐患区域，无人机可深入到传统测绘难以到达的区域，获取全面且细致的地形数据，为后续分析提供坚实基础。

2. 微小形变精准监测

对于滑坡、泥石流隐患区域，微小的地形变化都可能是灾害发生的预兆。无人机通过定期或高频次飞行，对同一区域进行重复观测，利用专业软件对获取的影像和点云数据进行对比分析，可精确检测出地形表面的微小位移和变形。比如，在滑坡体边缘，无人机能够发现毫米级的裂缝扩展和土体下沉，这些细微变化通过数据处理后以直观的图表形式呈现，使监测人员能及时发现潜在风险，为采取防范措施争取时间。

3. 动态变化实时追踪

滑坡、泥石流隐患区域的地形处于动态变化中，无人机测绘技术可实现对其动态变化的实时追踪。在出现降雨、地震等触发因素时，无人机能够迅速响应，快速抵达现场开展监测工作。通过实时传输数据，监测人员可及时掌握滑坡体的滑动速度、泥石流的流动范围和堆积情况等动态信息。例如，在暴雨期间，无人机可对泥石流隐患区域进行持续监测，一旦发现泥石流开始流动，立即将数据反馈给指挥中心，为人员疏散和抢险救援提供决策依据。

4. 多源数据融合分析

无人机测绘获取的数据可与通过其他监测手段获取的数据进行融合分析，提高监测的准确性和可靠性。与地面位移监测站的数据相结合，能对滑坡体的整体变形情况进行综合评估；与气象数据融合，可分析降雨、温度等因素对地形形变的影响，预测灾害发生的可能性。例如，将无人机获取的地形数据与降雨量数据进行关联分析，发现当降雨量达到一定阈值时，滑坡体的变形速率明显加快，从而为制定防灾预案提供科学依据。

5. 三维建模与可视化展示

基于无人机测绘数据,可构建滑坡、泥石流隐患区域的三维模型,实现灾害场景的可视化展示。三维模型能够直观呈现地形地貌、滑坡体结构、泥石流通道等信息,使监测人员和决策者能够更清晰地了解灾害情况。例如,在三维模型中,可以模拟不同降雨强度下泥石流的流动路径和影响范围,评估不同防治措施的效果,为灾害防治方案的制定提供参考。

6. 长期监测与趋势预测

无人机测绘技术可实现对滑坡、泥石流隐患区域的长期监测,通过对多年数据的积累和分析,能够揭示地形形变的规律和趋势。例如,分析不同季节、不同年份的监测数据,发现滑坡体在特定时间段内变形较为活跃,而泥石流在特定气候条件下更容易发生。基于这些规律,可建立预测模型,提前预测灾害的发生时间和规模,为防灾减灾工作提供前瞻性指导。

(五)台风/飓风灾后基础设施损毁量化评估

1. 建筑物损毁程度评估

无人机搭载高分辨率相机,可在台风/飓风过后迅速对受灾区域建筑物进行全面拍摄。通过获取的影像数据,利用图像处理技术可精确识别建筑物的外观损伤,如屋顶坍塌、墙体裂缝、门窗破损等。结合三维建模技术,能够构建建筑物的精细模型,准确测量建筑物各部分的变形量。例如,对于受损的桥梁,可测量桥墩的倾斜角度、桥面的下挠程度等参数,从而量化评估建筑物的结构安全性和使用功能受损情况,为后续的修复和重建工作提供科学依据。

2. 道路交通设施损毁评估

利用无人机对道路进行航拍,可清晰获取道路表面的破损状况,包括路面裂缝、坑洼、塌陷等。通过分析不同时间段的无人机影像,还能监测道路损毁的发展趋势。对于铁路设施,无人机可检测轨道的变形、道床的损坏以及铁路桥梁和隧道的结构安全。结合地理信息系统(GIS)技术,将道路交通设施的损毁信息与地理空间数据相结合,可生成详细的损毁分布图,直观展示受灾区域内道路交通设施的受损程度和范围,为交通疏导和抢修工作提供决策支持。

3. 电力设施损毁评估

无人机配备红外热成像相机,可对台风/飓风灾后的电力设施进行全面检测。红外热成像技术能够发现电力设备的过热、短路等故障隐患,及时定位受损的电力线路和设备。同时,无人机的高清影像可清晰显示电力杆塔的倾斜、断裂情况,绝缘子的损坏程度等。通过对这些信息的综合分析,可量化评估电力设施的损毁程度，预测电力恢复所需的时间和资源，为电力抢修部门制定合理的抢修方案提供重要参考。

4. 通信设施损毁评估

在台风/飓风灾害中，通信设施往往受到严重影响。无人机可对通信基站、铁塔等设施进行近距离观测，获取其外观损伤和结构变形信息。利用无人机搭载的激光雷达，可精确测量通信设施的几何尺寸和空间位置变化，评估其稳定性和安全性。此外，通过无人机对通信线路的巡查，可及时发现线路中断、倒杆等问题，为通信抢修人员提供准确的故障位置信息，提高抢修效率，保障通信网络的快速恢复。

（六）雪灾冰凌覆盖监测与交通阻断预警

1. 雪灾覆盖深度与范围监测

无人机搭载高精度激光雷达和光学相机，可对雪灾区域进行大面积、高分辨率的扫描与拍摄。激光雷达通过发射激光脉冲并接收反射信号，精确测量雪层的厚度，生成高精度的雪深三维模型。光学相机则获取雪灾区域的地表影像，结合数字图像处理技术，识别雪的分布范围和不同区域的积雪特征。例如，在山区，无人机能够深入到复杂地形区域，获取传统监测手段难以发现的雪深数据，清晰呈现山谷、山坡等不同位置的积雪差异，为准确评估雪灾影响范围和严重程度提供基础数据。

2. 冰凌形成与生长监测

在寒冷地区，冰凌的形成和生长会对交通、电力等基础设施造成严重威胁。无人机利用红外热成像相机和可见光相机协同工作，对可能形成冰凌的区域进行持续监测。红外热成像相机可检测到物体表面的温度差异，提前发现水体结冰的迹象，识别冰凌形成的潜在位置。可见光相机则记录冰凌的形态变化，如长度、宽度、厚度等参数。通过定期飞行获取的数据，可分析冰凌的生长速率和趋势，预测其可能对周边设施造成的影响，为采取防范措施提供时间窗口。

3. 交通线路积雪与冰凌覆盖评估

对于交通线路，无人机测绘可实时评估道路、铁路等线路的积雪和冰凌覆盖情况。通过获取线路的高清影像和三维数据，能够精确测量积雪厚度和冰凌在轨道、路面的分布范围。结合地理信息系统（GIS）技术，将监测数据与交通线路的地理空间信息相结合，生成详细的积雪冰凌覆盖图。该图可直观展示不同路段的受灾程度，为交通管理部门制定清雪除冰方案提供决策依据，合理调配清雪设备和人员，保障交通线路的畅通。

4. 桥梁与电力设施冰凌负荷监测

桥梁和电力设施在雪灾和冰凌灾害期间承受着巨大的负荷。无人机可对桥梁结构进行近距离观测，利用激光雷达测量桥面冰凌的厚度和分布，结合结构力学分析，评估冰凌对桥梁承载能力的影响。对于电力设施，如输电线路和杆塔，无人机可检测冰凌的附着情况，分析冰凌重量对线路和杆塔的应力变化的影响，预测可能出现的倒杆、断线等事故风险，为电力部门及时采取融冰、加固等措施提供预警信息。

5. 交通阻断风险预警

基于无人机测绘获取的雪灾冰凌覆盖数据，结合交通流量、气象条件等因素，可建立交通阻断风险预警模型。该模型能够综合考虑积雪厚度、冰凌生长情况、道路坡度、弯道半径等多种因素，对交通线路发生阻断的可能性进行评估和预测。当预测到某路段存在较高的阻断风险时，及时向交通管理部门和相关用户发布预警信息，提醒采取绕行、限速等措施，避免交通事故的发生，保障人员和物资的安全运输。

二、无人机测绘在农业估产中的应用

（一）大田作物长势三维建模与植被指数分析

1. 作物冠层三维结构解析

无人机搭载多光谱与高分辨率相机，可对大田作物进行多角度、高频率的影像采集。基于这些影像数据，通过立体匹配与点云生成算法，构建作物冠层的三维模型。此模型能够精确呈现作物的高度、叶面积指数（LAI）以及冠层密度等空间分布特征。例如，在玉米田中，三维模型可清晰展示不同生长阶段玉米植株的高度差异和叶片分布情况，为准确评估作物生长状况提供直观依据；通过分析冠层三维结构的变化趋势，还能预测作物生长过程中可能出现的倒伏、病虫害等问题，提示管理者提前采取防治措施。

2. 植被指数时空动态监测

利用无人机获取的多光谱影像，可计算多种植被指数，如归一化植被指数（NDVI）、增强型植被指数（EVI）等。这些植被指数能够反映作物的叶绿素含量、光合作用强度以及生长活力等信息。通过定期或高频次的监测，可获取植被指数的时空动态变化数据。例如，在小麦生长周期内，NDVI 值会随着小麦的生长阶段而变化，播种后初期 NDVI 值较低，随着小麦的生长和叶片的扩展，

NDVI 值逐渐升高,在抽穗期达到峰值,之后又逐渐下降。通过对这些动态数据的分析,可了解作物生长的规律和健康状况,及时发现生长异常区域,为精准农业管理提供决策支持。

(二)经济作物种植面积高精度遥感测量

1. 多光谱影像解析与作物分类

无人机搭载多光谱相机可获取覆盖经济作物种植区域的高分辨率影像,其光谱范围涵盖可见光至近红外波段。不同经济作物因生理结构和生化成分差异,在特定波段表现出独特的光谱反射特征。例如,棉花在红光波段吸收较强,近红外波段反射率较高,而油菜在蓝光波段有吸收峰。通过光谱解译算法,如支持向量机(SVM)或随机森林分类器,对多光谱影像进行像素级分类,可将棉花、油菜、茶叶等经济作物从复杂背景中精确提取,实现种植面积的初步量化。

2. 三维地形校正与边界精准提取

结合无人机激光雷达(LiDAR)数据,可构建种植区域的三维数字高程模型(DEM),对多光谱影像进行地形校正。复杂地形(如丘陵、梯田)导致的影像畸变和阴影效应,会显著影响作物分类精度。通过 DEM 辅助的辐射校正,可消除地形引起的光谱差异,确保作物分类结果的空间一致性。在此基础上,采用边缘检测算法(如 Canny 算子)和形态学处理技术,可精准提取经济作物地块的边界轮廓,实现种植面积的亚米级精度测量。

3. 时序监测与种植结构动态分析

经济作物种植结构具有季节性变化特征,无人机可通过多时相影像监测其动态演变。例如,在棉花种植区,播种期、蕾期、吐絮期的光谱特征差异显著。通过构建时序植被指数(如 NDVI)曲线,可识别作物生长阶段并区分不同作物类型。结合决策树模型,可进一步解析轮作、间作等复杂种植模式,为精准农业管理提供数据支撑。

4. 混合像元分解与地块尺度估测

在经济作物与粮食作物混种区域,传统遥感方法易受混合像元效应的影响,无人机高分辨率影像(空间分辨率优于 0.1 米)可有效缓解这一问题。通过线性光谱混合模型(LSMM)或非负矩阵分解(NMF)算法,可将混合像元分解为纯作物组分,结合实地采样数据建立光谱库,实现地块尺度的作物面积估测。例如,在茶园与林果混种区,可精确分离茶叶种植面积与防护林覆盖范围。

（三）梯田/丘陵地块微地形产量分布评估

1. 微地形光谱差异与产量关联解析

梯田/丘陵地块因坡度、坡向及局部地形起伏，导致土壤水分、光照辐射及温度条件存在显著空间异质性。无人机搭载的多光谱传感器可获取微地形尺度下的光谱数据，揭示不同坡位（如上坡、中坡、下坡）冠层反射率的细微差异。例如，在丘陵区玉米种植区，下坡位因水分积聚，作物长势优于上坡位，其近红外波段反射率显著高于上坡区域。通过建立微地形光谱指数（如坡位敏感植被指数 PSVI）与产量之间的统计模型，可量化地形因子对产量的影响权重，为微地形产量分布评估提供理论依据。

2. 三维地形模型与光谱数据融合分析

无人机激光雷达（LiDAR）与多光谱影像的协同观测，可构建梯田/丘陵地块的高精度数字高程模型（DEM）与冠层光谱数据集。利用 DEM 数据对光谱影像进行地形校正，消除坡度、坡向引起的辐射畸变，确保光谱反射率的空间一致性。进一步结合微地形参数（如坡度、坡向、曲率等）与光谱特征变量（如 NDVI、叶绿素指数），通过地理加权回归（GWR）模型，解析地形—光谱—产量的空间非平稳性关系。例如，在梯田区，上坡位因光照辐射增强导致光谱指数虚高，但实际产量受限于土壤水分，通过地形校正可显著提升产量预测精度。

3. 微地形产量分布时空演变监测

作物生长季内，微地形对产量的影响随生长阶段动态变化。无人机可通过多时相观测，捕捉微地形产量分布的时空演变规律。例如，在水稻分蘖期，上坡位因土壤水分胁迫导致分蘖数减少，产量潜力低于下坡位；在成熟期，下坡位因排水不畅引发倒伏风险，实际产量优势减弱。通过构建时序微地形产量分布图，可揭示地形因子在不同生长阶段的主导作用，为精准农艺措施（如灌溉调控、病虫害防治等）提供时空决策依据。

（四）干旱/洪涝灾后作物受损面积统计

1. 灾后作物光谱特征变异与受损类型识别

干旱/洪涝灾害导致作物冠层结构与生理功能发生显著变化，进而引发光谱反射特征的异常。无人机搭载的多光谱或高光谱传感器可捕捉冠层在可见光至近红外波段的细微光谱差异。例如，干旱胁迫下，作物叶片失水导致叶绿素降解，红光波段反射率升高而近红外波段反射率降低；洪涝淹没后，作物因缺氧导致叶片腐烂，其光谱特征表现为红边位置蓝移及短波红外波段吸收增强。通过构建基于光谱特征差异的分类模型(如支持向量机 SVM、随机森林 RF),可以实现作物受损类型(如干旱胁迫、洪涝淹没)的空间化识别,为受损面积统计提供基础数据。

2. 灾后作物受损程度分级与面积量化

作物受损程度与光谱响应存在非线性关联。无人机测绘数据结合地面实测样本,可建立光谱指数(如归一化干旱指数 NDWI、水体指数 NDWI_water)与作物受损程度的定量关系。例如,在玉米受旱区,NDWI 值与叶片相对含水量呈显著负相关,通过设定分级阈值(如 NDWI<-0.2 为重度受损),可实现受损程度的空间化分级。再利用栅格计算与面积统计方法,可量化不同受损等级(如轻度、中度、重度)的作物面积,为灾后损失评估提供精确数据。

3. 灾后作物恢复潜力评估与空间分布分析

灾后作物恢复潜力受土壤墒情、根系活性及环境条件共同影响。无人机测绘数据可结合气象数据(如温度、降水等)、土壤养分数据,构建作物恢复潜力评估模型。例如,在洪涝退水后,通过无人机监测冠层光谱恢复速率(如 NDVI 时间序列斜率),结合土壤湿度与根系呼吸速率数据,可预测作物恢复潜力,同时生成恢复潜力空间分布图,可识别高恢复潜力区域(如排水良好、土壤肥沃地块)与低潜力区域,为灾后补种与资源分配提供决策依据。

4. 灾后作物受损面积与产量损失关联分析

作物受损面积随时间动态变化,需要通过多时相观测进行跟踪。无人机可通过定期飞行获取灾后作物光谱影像,构建时序受损面积变化曲线。例如,在干旱监测中,通过分析 NDVI 时间序列的突变点(如 NDVI 值连续 3 天下降超过 0.1),可识别干旱发生与缓解的时间节点,并量化受损面积的动态变化。结合气象灾害预警数据,可建立灾前—灾中—灾后的全周期监测体系,为农业保险理赔与救灾物资调配提供时空数据支持。

作物受损面积与最终产量损失存在直接关联。无人机测绘数据结合历史产量数据与作物生长模型,可建立受损面积—产量损失的预测模型。例如,在水稻洪涝灾后,通过分析淹没面积与产量损失率的回归关系(如 $R^2=0.85$),可预测不同淹没等级(如 1~3 天、3~7 天)下的产量损失。结合遥感估产模型,可修正灾后产量预测结果,为农业经济评估提供科学依据。

(五)农田土壤湿度与灌溉效率空间分析

1. 农田土壤湿度空间异质性解析

农田土壤湿度受地形、土壤质地及灌溉方式影响,存在显著空间异质性。

无人机搭载的微波辐射计或合成孔径雷达(SAR)传感器,可穿透植被冠层获取土壤表层湿度信息。例如,在丘陵区,通过无人机 SAR 影像的极化特征分析,可揭示坡度与土壤湿度的负相关关系。结合 DEM 数据与土壤质地图,可构建土壤湿度空间分布模型,为精准灌溉提供基础数据。

2. 灌溉效率空间差异评估

灌溉效率与土壤湿度分布密切相关。无人机测绘数据可结合灌溉系统参数(如喷头流量、灌溉时间等),评估不同灌溉方式(如滴灌、喷灌)下的土壤湿度响应。例如,在玉米灌溉试验中,通过无人机监测灌溉后 24 小时的土壤湿度增量(ΔSM),结合灌溉水量(Q),可计算出灌溉效率指数($IE=\Delta SM/Q$)。进一步生成 IE 空间分布图,可识别高效灌溉区域(如 $IE>0.8$)与低效区域,为灌溉系统优化提供决策支持。

3. 土壤湿度与作物生长的时空耦合分析

土壤湿度是作物生长的关键限制因子。无人机测绘数据可结合作物生长模型(如 WOFOST),解析土壤湿度与作物生长参数(如叶面积指数 LAI、生物量等)的时空耦合关系。例如,在小麦拔节期,通过分析土壤湿度与 LAI 的相关性(如 $r=0.78$),可揭示土壤湿度对作物生长的调控机制。结合多时相观测数据,可生成土壤湿度—作物生长的时空动态图谱,为精准农艺措施(如变量施肥、灌溉调度等)提供理论依据。

4. 土壤湿度与农田碳排放关联分析

土壤湿度通过影响微生物活性与有机质分解,调控农田碳排放。无人机测绘数据可结合土壤呼吸速率实测数据,建立土壤湿度与碳排放的定量关系。例如,在水稻田中,通过分析土壤湿度与甲烷排放通量的非线性模型,可预测不同湿度条件下的碳排放强度。结合碳排放因子与作物产量数据,可评估农田土壤湿度管理的碳汇效益,为农业碳中和政策制定提供数据支撑。

第六章　海洋测绘技术

第一节　海洋测绘技术与装备发展

一、声学测量技术与装备

（一）多波束测深系统

1. 信号处理技术的核心突破

多波束测深系统的信号处理流程涵盖波束形成、运动补偿、底跟踪及目标检测等关键环节。波束形成技术从传统的延时求和（DS）算法发展至自适应波束形成（ABF）与压缩感知（CS）技术，ABF通过最小均方误差（MMSE）准则优化波束权值，抑制旁瓣干扰；CS则利用信号的稀疏性，在降低采样率的同时保持重建精度。运动补偿算法需同步处理船舶六自由度运动（纵荡、横荡、垂荡、横摇、纵摇、艏摇），通过姿态传感器数据与声速剖面的联合校正，消除动态测量误差。底跟踪算法采用卡尔曼滤波或粒子滤波技术，在复杂海底地形条件下实现波束脚印的精确归位。目标检测技术则基于机器学习方法，如卷积神经网络（CNN），从回波信号中提取海底微地貌特征。

2. 声学性能的优化策略

多波束测深系统的声学性能受声速剖面、海水声吸收及界面散射等因素影响。声速剖面误差导致的测深偏差可通过实时声速测量与声线跟踪算法校正，典型方法包括射线追踪法与波束跳点法。海水声吸收效应在高频段（>200 kHz）显著增强，需通过低频化设计（如12 kHz工作频率）或信号处理中的能量补偿技术缓解。界面散射模型需考虑海底粗糙度与沉积物类型，采用双向反射分布函数（BRDF）描述声波的反射特性，提高底质分类的准确性。此外，系统采用多频测量模式（如12 kHz与24 kHz双频组合），通过频带选择优化声波的穿透能力与分辨率。

3. 空间覆盖与分辨率的平衡机制

多波束测深系统的空间覆盖宽度与横向分辨率存在固有矛盾，需通过阵列设计与信号处理协同优化。发射阵列的开角范围通常为60°～150°，接收阵列的波束宽度为0.5°～3°，通过调整阵列孔径与波束形成算法，实现覆盖宽度与分辨率的动态匹配。在深水区域，系统采用宽覆盖模式（如覆盖宽度达水深的10倍），通过降低波束密度提升测量效率；在浅水区域，则切换至高分辨率模式（如波束间距0.5°），利用相控阵技术的电子扫描能力，在单次航行中实现多模式切换。

（二）侧扫声呐系统

1. 系统架构的模块化与集成化

侧扫声呐系统的硬件架构由声学子系统、拖体子系统、导航定位子系统及数据处理系统构成，各模块通过标准化接口实现协同工作。声学子系统包含发射换能器阵列与接收换能器阵列，发射换能器阵列采用相控阵或机械扫描技术实现波束的定向发射，接收换能器阵列则通过多通道并行接收机制分离不同方向的回波信号。拖体子系统负责承载声呐设备，其设计需兼顾流体力学特性与声学性能，典型拖体形式包括鱼雷形、流线形及框架形，材质以高强度合金或复合材料为主。导航定位子系统集成全球导航卫星系统（GNSS）、惯性导航系统（INS）及声学定位系统，采用扩展卡尔曼滤波（EKF）算法融合多源数据，提供厘米级定位精度。数据处理子系统基于高性能计算平台，采用实时操作系统（RTOS）与图形处理单元（GPU）加速技术，实现声呐信号的实时成像与目标识别。

2. 成像机制与信号处理技术

侧扫声呐系统的成像机制基于声波与海底或目标表面的相互作用，回波信号的强度、相位及多普勒频移特性携带了目标的空间与物理信息。信号处理流程涵盖波束形成、反向反射建模、图像重建及目标检测等关键环节。波束形成技术采用数字波束形成（DBF）与自适应波束形成（ABF）算法，抑制旁瓣干扰并提高信噪比。反向反射模型需考虑目标表面的粗糙度、材质及入射角效应，采用双向反射分布函数（BRDF）描述声波的反射特性。图像重建算法基于反向投影或傅立叶变换方法，将回波信号映射至空间坐标系，生成灰度图像。目标检测技术则基于机器学习与深度学习方法，如卷积神经网络（CNN）与循环神经网络（RNN），从灰度图像中提取目标特征并实现分类。

3. 空间分辨率与覆盖宽度的平衡机制

侧扫声呐系统的空间分辨率与覆盖宽度受声波频率、波束开角及拖体高度等因素制约。高频声波（>500 kHz）可提供厘米级分辨率，但覆盖宽度受限；

低频声波(<100 kHz)则具备宽覆盖能力,但分辨率下降。典型系统通过多频组合设计(如 120 kHz 与 455 kHz 双频模式)实现分辨率与覆盖宽度的动态匹配。波束开角范围通常为 1°~5°(垂直方向)与 60°~120°(水平方向),通过调整发射阵列的孔径与波束形成算法,优化空间覆盖效率。拖体高度影响声波的入射角与回波强度,需根据水深与目标特性实时调整。

(三)浅地层剖面仪

1. 声学传播机制与地层响应模型

浅地层剖面仪的声学探测基于声波在分层介质中的传播规律,其核心物理模型包括斯涅尔定律与阻抗反射系数。声波从海水(声速约 1 500 m/s)进入沉积物(声速 1 500~2 000 m/s)时,在界面处发生反射与折射,反射强度由界面两侧介质的声阻抗差异决定。地层结构对声波的吸收、散射与多次反射效应是影响成像质量的关键因素,典型模型采用双程走时(Two-Way Travel Time,TWT)与层状介质模型,通过求解波动方程或射线追踪算法,建立声波传播路径与地层深度的映射关系。

2. 发射声源与波束控制技术

发射声源是浅地层剖面仪的核心部件,其技术发展经历了压电陶瓷换能器、电磁脉冲震源及电火花震源的演进。压电陶瓷换能器通过逆压电效应将电信号转换为机械振动,典型工作频率范围为 1~12 kHz,其优势在于声波稳定性与指向性控制,但穿透深度有限。电磁脉冲震源利用电磁感应驱动金属片产生机械冲击,声波能量密度高,适用于中深层探测。电火花震源通过高压放电在海水中产生等离子体爆炸,声波频率覆盖 0.1~10 kHz,兼具高能量与宽频谱特性,但设备复杂度与维护成本较高。波束控制技术采用相控阵或机械扫描方式,通过调整换能器阵列的相位或物理位置,实现波束的定向发射与动态聚焦。

3. 接收阵列与信号处理算法

接收阵列通常由多个水听器组成,其空间采样间隔与阵列孔径决定了水平分辨率。信号处理流程涵盖噪声抑制、波束形成、多次反射分离及地层参数反演等环节。噪声抑制技术基于自适应滤波与小波变换,消除环境噪声与系统自噪声的干扰。波束形成采用最小方差无失真响应(MVDR)算法,增强目标方向的信号强度。多次反射分离通过时频分析与模式识别技术,区分一次反射波与层间多次反射波。地层参数反演结合层析成像与全波形反演方法,从反射信号中提取地层速度、密度及厚度等参数。

4. 空间分辨率与穿透深度的平衡机制

浅地层剖面仪的空间分辨率与穿透深度受声波频率、脉冲宽度及地层衰减特性的共同制约。高频声波(>5 kHz)可提供厘米级分辨率,但穿透深度通常小于 50 m;低频声波(<2 kHz)具备百米级穿透能力,但分辨率下降。典型系统通过线性调频脉冲(Chirp)或非线性调频(Parametric Array)技术,实现带宽扩展与分辨率提升。Chirp 技术通过发射频率随时间线性变化的脉冲信号,利用匹配滤波处理压缩脉冲宽度,提高分辨率;Parametric Array 技术基于差频原理,生成低频差频信号与高频和频信号,兼顾穿透深度与分辨率。

二、光学与遥感测量技术

(一)机载激光雷达

1. 激光测距与波形解析技术

机载激光雷达的测距机制基于飞行时间(Time of Flight,TOF)法,通过测量激光脉冲从发射到接收的时间差,结合光速计算目标距离。系统采用窄脉冲激光器(脉宽<10 ns)与高灵敏度探测器,实现厘米级测距精度。波形解析技术通过分析反射信号的强度、波形形态及频谱特征,提取目标表面的物理属性。典型波形分析方法包括高斯分解、小波变换与机器学习分类,可区分水体、植被、岩石等不同地物类型。

2. 多传感器融合与定位定向技术

机载激光雷达系统集成了 GPS、惯性导航系统(INS)及激光扫描仪,通过卡尔曼滤波与扩展卡尔曼滤波算法,实现多源数据的时空配准与误差校正。GPS 提供厘米级定位精度,INS 补偿飞机姿态变化对激光扫描的影响,激光扫描仪通过机械旋转或相控阵扫描方式,实现宽幅连续观测。传感器融合技术采用紧耦合架构,将 GPS、INS 与激光测距数据在状态空间中联合解算,消除各传感器的系统误差。

3. 水体穿透与海底地形反演

机载激光雷达的水体穿透能力依赖激光波长与水体光学特性的匹配。典型系统采用 532 nm 绿光激光,其在水体中的衰减系数较红外激光低 1~2 个数量级,可实现 2~3 倍光学衰减长度的穿透能力。海底地形反演算法基于激光脉冲的多次散射模型,结合水体折射率与声速剖面,通过迭代优化方法消除水-气界面与水-沉积物界面的二次反射干扰。

4. 动态海面校正与潮汐补偿

动态海面校正技术通过同步采集海面高程数据与激光扫描数据，建立海面波动模型。典型方法包括多波束测深仪辅助校正与经验正交函数（EOF）分解，可消除波浪引起的地形畸变。潮汐补偿技术结合潮汐表与实测水位数据，将激光高程转换为平均最低潮面（MLLW）基准，实现不同潮位条件下的地形统一表达。

5. 水上水下一体化观测技术

水上水下一体化观测通过激光雷达与水声探测设备的协同工作，实现从海面到海底的连续观测。激光雷达负责海面与浅水区地形测量，水声探测设备（如多波束测深仪、侧扫声呐）补充深水区数据。数据融合采用基于特征匹配的配准算法，结合地形连续性约束，消除水上水下观测的接边误差。

6. 多光谱与偏振信息提取

多光谱激光雷达通过发射不同波长的激光脉冲，获取目标的反射光谱特征。典型系统采用 532 nm、1 064 nm 双波长配置，可区分海水、悬浮物与海底沉积物。偏振激光雷达通过测量反射光的偏振态，提取目标表面的粗糙度与纹理信息。偏振信息分析采用斯托克斯矢量与穆勒矩阵方法，建立偏振度与目标属性的映射关系。

7. 点云数据处理与特征提取

点云数据处理流程涵盖噪声滤波、分类与特征提取。噪声滤波采用统计滤波与形态学滤波结合的方法，消除孤立点与离群值。分类算法基于支持向量机（SVM）、随机森林（RF）与深度学习框架（如 PointNet），实现地形、植被、建筑物等目标的自动识别。特征提取技术包括表面法向量计算、曲率估计与纹理特征提取，用于构建高精度数字表面模型（DSM）与数字地形模型（DTM）。

（二）水下机器人光学测量

1. 水下光学成像与照明技术

水下光学成像受限于水体对光线的吸收与散射效应，需通过主动照明与成像系统优化实现。照明技术采用高强度 LED 或激光光源，结合波长选择策略（如蓝光波段以降低吸收损耗），通过非均匀照明补偿水体衰减。成像系统采用大口径、低畸变镜头，配合图像传感器阵列，实现微米级空间分辨率。针对后向散射干扰，采用距离选通技术，通过短脉冲激光与同步快门控制，仅接收目标反射信号，抑制水体散射噪声。

2. 水下激光扫描与三维重建

水下激光扫描通过发射结构光或脉冲激光，结合机械扫描或旋转镜组，实现水下目标的点云数据采集。结构光扫描采用编码图案投影，通过相位解调算法重建目标表面；脉冲激光扫描基于飞行时间（TOF）原理，通过皮秒级计时分辨率测量激光往返时间，解析目标毫米级细节。三维重建算法融合点云配准与表面拟合技术，采用迭代最近点（ICP）算法与泊松表面重建方法，构建水下目标的连续几何模型。

3. 水下偏振成像与物理特性分析

水下偏振成像利用光波的振动方向特性，通过多偏振态图像采集与信息提取，揭示水下目标的物理属性。系统采用线扫描偏振相机或空间调制偏振仪，获取斯托克斯矢量参数，分析双折射、应力分布与表面粗糙度。偏振分析技术结合穆勒矩阵分解与深度学习模型，建立偏振特征与目标属性的映射关系，实现水下目标分类与缺陷检测。

4. 水下图像增强与色彩校正

水下图像增强技术通过物理模型与深度学习相结合的方式，补偿水体对光线的吸收与散射效应。物理模型基于红通道先验与暗通道先验，估计水体衰减系数与背景光强度，实现图像去雾与对比度增强。深度学习方法采用卷积神经网络（CNN）与生成对抗网络（GAN），通过大规模水下图像数据集训练，实现图像的自动上色与细节恢复。色彩校正技术结合光谱反射率模型与白平衡算法，消除水体光谱特性引起的色彩失真。

5. 水下多光谱与高光谱成像

水下多光谱成像通过分光技术与滤光片轮组，获取目标在多个波段的反射光谱信息。典型系统采用400~900 nm 波段范围，分辨率为10~20 nm，可区分水体、沉积物与生物目标。高光谱成像进一步扩展波段范围至200~2 500 nm，结合光谱解混算法，实现水下目标的成分分析与分类识别。光谱分析技术采用主成分分析（PCA）与支持向量机（SVM），建立光谱特征与目标属性的关联模型。

6. 水下双目视觉与立体匹配

水下双目视觉系统通过两个平行或会聚的摄像头，模拟人眼立体感知机制，实现水下目标的深度估计。立体匹配算法采用局部匹配（如SAD、SSD）与全局匹配（如图割法、置信传播）相结合的方式，结合水体折射率校正，生成高精度视差图。深度估计技术结合三角测量原理与误匹配剔除算法，实现水下目标的厘米级深度测量。

7. 水下光学测量与声呐协同

水下光学测量与声呐协同工作，通过数据融合技术实现优势互补。光学测量提供高分辨率的纹理与几何信息，声呐系统（如侧扫声呐、多波束测深仪）补充远距离、大范围的水下地形数据。数据融合采用特征级融合方法，结合形态学操作与拓扑关系分析，消除光学与声呐数据的接边误差，构建统一的水下环境模型。

（三）卫星海洋遥感

1. 光学遥感与辐射传输模型

光学遥感通过可见光、近红外及短波红外波段传感器，捕捉海洋表层的光学特性参数，如叶绿素浓度、悬浮泥沙含量及有色溶解有机物（CDOM）。辐射传输模型（如 HYDROLIGHT、6S）描述电磁波在海洋-大气系统中的吸收、散射与反射过程，通过迭代算法反演海洋光学参数。高光谱传感器采用窄波段（10~20 nm）设计，结合连续统去除与波段比值法，区分不同类型浮游植物的光谱特征。偏振遥感技术通过测量斯托克斯矢量参数，抑制大气散射噪声，提升海洋表层信息的提取精度。

2. 微波遥感与散射机制

微波遥感利用雷达散射计与辐射计，获取海面风速、海浪高度及海面温度等动力参数。雷达散射计基于布拉格散射理论，通过后向散射系数与风向的统计关系，反演 10 米风场矢量。辐射计采用多通道设计（如 6.9 GHz、10.7 GHz），结合海面发射率模型，消除大气水汽与云液态水含量的影响。合成孔径雷达（SAR）通过方位向与距离向的合成孔径处理，实现米级空间分辨率的海面成像，结合非线性滤波与相干斑抑制算法，提取内波、涡旋及溢油等微尺度海洋现象。

3. 高度计与海洋动力过程

雷达高度计通过测量电磁波在卫星与海面之间的往返时间，获取海面高度异常（SSHA）数据，其精度达厘米级。高度计数据结合地球物理模型（如 GEOID09），反演海洋环流、潮汐及厄尔尼诺-南方涛动（ENSO）等大尺度动力过程。交轨干涉测量技术（ATI）通过两颗卫星的相位差观测，实现海面流场的无源探测，结合多普勒频移校正算法，消除卫星轨道误差。

4. 重力梯度与海洋地质结构

重力梯度仪通过测量地球重力场的二阶导数，推断海底地形与密度异常。

卫星重力梯度数据（如 GOCE 任务）结合反演算法（如 Parker-Oldenburg 迭代法），生成分辨率达 80 km 的海底地形图。磁力梯度仪通过测量地磁场梯度，识别海底火山、断裂带及热液活动区。结合正则化反演技术，消除地磁日变与电离层干扰。

5. 多源数据融合与同化技术

多源数据融合通过贝叶斯框架与卡尔曼滤波算法，整合光学、微波及高度计数据，提升海洋参数的反演精度。例如，将光学遥感反演的叶绿素浓度与微波遥感获取的风速数据结合，构建海洋生态—动力耦合模型。数据同化技术（如 Ensemble Kalman Filter，EnKF）将卫星观测数据融入数值预报模型，优化海洋初始场，提高对台风、海啸等灾害的预测能力。

6. 主动遥感与被动遥感协同观测

主动遥感（如 SAR、散射计）通过发射电磁波并接收回波，实现全天候观测，但空间覆盖受限；被动遥感（如光学传感器、辐射计）依赖自然光源，空间覆盖广但受云层干扰。协同观测技术通过时间序列分析与条件采样策略，结合两者的优势。例如，在晴空条件下优先使用光学数据，在多云天气下切换至微波数据，通过数据融合算法生成无缝的海洋参数产品。

三、定位与导航技术

（一）水下声学定位系统

1. 声学定位原理与信号模型

声学定位基于声波在水中的传播速度与几何传播路径，通过测量声信号的到达时间差或相位差计算目标位置。信号模型需考虑声速剖面的时空变化，采用射线追踪算法（如 Bellhop 模型）或简正波理论修正声线弯曲效应。多途效应通过匹配场处理技术抑制，及计算接收信号与拷贝场的相关性，反演声源位置。

2. 长基线定位系统（LBL）

LBL 通过预先布设的海底应答器阵列（间距数百米至数千米），利用声信号的双向传播时间测量目标与应答器的斜距。系统采用三边测量法或前方交汇法解算目标位置，其精度与应答器几何构型及声速剖面精度密切相关。动态 LBL 通过船载换能器与海底应答器的相对运动补偿，实现移动目标的实时跟踪，需结合惯性导航系统（INS）修正航位推算误差。

3. 短基线定位系统(SBL)

SBL 在船底安装 3 个以上换能器构成基阵(基线长度 10~100 m),通过测量声信号到达各换能器的时间差计算目标方位角与距离。系统采用最小二乘法或加权最小二乘法进行参数估计,需通过电罗经与运动传感器(MRU)提供船体姿态信息。超短基线(USBL)将基阵集成于单一收发器中,通过相位差测量实现高精度测向,其定位精度受基阵安装偏差与声速误差的耦合影响显著。

4. 水下组合导航系统

组合导航系统通过联邦卡尔曼滤波或无迹卡尔曼滤波,融合 LBL/SBL/USBL 与惯性导航、多普勒测速仪(DVL)及重力仪数据。时间同步机制采用网络时间协议(NTP)或全球定位系统(GPS)授时,消除不同传感器间的时钟偏差。空间对准通过旋转矩阵与平移向量描述坐标系转换,采用迭代最近点算法优化初始对准参数。

5. 声学信号处理技术

信号处理技术包括宽带脉冲压缩、自适应波束形成及码分多址。宽带脉冲压缩通过匹配滤波器提高信噪比,扩展作用距离;CDMA 通过伪随机码序列区分不同声源,提升系统容量。非合作声源定位需结合盲源分离(Blind Source Separation,BSS)技术,从混合信号中提取目标特征。

6. 声学定位误差补偿

误差补偿需针对声速误差、基阵安装误差及多途效应进行建模。声速误差通过温盐深仪(CTD)实时测量声速剖面,采用多项式拟合或神经网络进行修正;基阵安装误差通过标定试验获取基阵坐标系与船体坐标系的转换参数,采用奇异值分解(SVD)优化参数估计;多途效应通过匹配场处理或时间反转镜(Time Reversal Mirror,TRM)技术聚焦目标信号,抑制反射干扰。

7. 水下声学网络(UAN)

UAN 通过分布式声学节点构成自组织网络,节点间采用水声通信(Underwater Acoustic Communication,UAC)协议进行数据交换。MAC 层协议需解决长传播时延(约 1 秒/千米)与高误码率(10-2-10-3)的挑战,采用时分多址(TDMA)或载波侦听多路访问(CSMA)机制。路由协议需考虑节点移动性与声速梯度引起的拓扑变化,采用地理路由或机会路由策略。

(二)量子惯性导航系统

1. 量子惯性传感原理

量子惯性传感器基于原子物质波干涉或原子自旋进动效应,实现角速度与线加速度的量子级测量。原子干涉陀螺仪(Atomic Interferometric Gyroscope, AIG)通过冷原子云在激光脉冲作用下的分束、反射与重合,测量萨格纳克相位(Sagnac Phase)的量子涨落,其灵敏度与原子热运动速度成反比,通过激光冷却技术将原子温度降至纳开尔文量级。原子自旋陀螺仪(Atomic Spin Gyroscope, ASG)利用碱金属原子电子自旋与惰性气体原子核自旋的耦合效应,通过非线性磁光旋转(Nonlinear Magneto-Optical Rotation, NMOR)现象测量角速度,其零偏稳定性可达 10^-12 rad/s,显著优于传统光纤陀螺仪的 10^-7 rad/s 水平。

2. 冷原子干涉加速度计

冷原子干涉加速度计通过三脉冲拉曼跃迁实现原子物质波的自由演化,测量重力加速度引起的相位差。其核心在于构建三维磁光阱(Magneto-Optical Trap, MOT)捕获与冷却原子,通过光学偶极阱(Optical Dipole Trap, ODT)实现原子云的相干操控。系统需解决原子云尺寸与相干时间的矛盾,采用暗态原子囚禁技术延长原子干涉时间至 1 秒以上,结合空间光调制器(Spatial Light Modulator, SLM)实现原子波包的任意操控。其重力加速度测量精度已达 10^-9 g 量级,可检测 0.1 μGal 的地壳形变信号。

3. 惯性测量单元(IMU)集成技术

量子 IMU 通过微机电系统(MEMS)与原子传感器的异构集成,实现角速度与加速度的同步测量。原子陀螺仪与加速度计采用共光路设计,通过偏振分束器(Polarizing Beam Splitter, PBS)复用同一束冷却激光,减小系统体积与功耗。微纳加工技术实现原子芯片的制备,将原子操控所需的磁场梯度、微波场与光学势阱集成于毫米级硅片上,通过光刻工艺定义原子波导与微腔结构,提升系统的可扩展性与批量化生产能力。

4. 量子导航算法

量子导航算法融合量子滤波与经典卡尔曼滤波(Kalman Filter, KF),通过量子态层析(Quantum State Tomography, QST)重构原子传感器的误差模型。量子滤波采用量子蒙特卡罗方法(Quantum Monte Carlo, QMC)模拟原子态的随机演化,结合无迹变换(Unscented Transform, UT)处理非高斯噪声。经典 KF 通过状态增广技术,将原子传感器的量子投影噪声(Quantum Projection Noise, QPN)建模为系统噪声协方差矩阵的参数,实现量子测量与经典导航模型的深度融合。

5. 海洋环境适应性设计

海洋环境需解决高压、高湿与电磁干扰对量子传感器的影响。原子操控激光采用全光纤化设计，通过掺铒光纤放大器（EDFA）实现千瓦级功率输出，结合保偏光纤（PMF）维持激光偏振态。原子芯片封装采用钛合金与蓝宝石复合材料，耐压深度达 11 000 米，通过液态金属热沉实现原子云的恒温控制。电磁兼容设计采用超导量子干涉器件（SQUID）磁屏蔽与光纤电流传感器（FOCS）监测技术，将电磁干扰抑制至原子自旋进动频率的 10^-3 以下。

第二节　海洋测绘在海洋资源开发、环境保护中的应用

一、海洋测绘技术在海洋资源开发中的应用

（一）海洋资源勘探与评估

1. 资源类型识别与空间定位

海洋测绘技术通过整合声学、光学及电磁探测手段，实现了对不同类型海洋资源的精准识别与空间定位。在海底矿产资源勘探中，多波束声呐系统与侧扫声呐的联合应用，能够解析海底微地形与沉积物特征，为热液硫化物、多金属结核等矿产的富集区划定提供高精度地形数据。例如，在深海热液活动区，测绘技术通过捕捉热液羽流的声学异常，结合海底地形起伏分析，可有效锁定矿产资源的潜在分布带。

在能源资源领域，海洋测绘技术为油气资源的勘探提供了从区域普查到局部详查的全流程支持。地震勘探中，三维地震成像技术通过声波反射信号的层析处理，重构海底地质构造模型，揭示油气储层的空间展布；海洋重力与磁力测量则通过解析地球物理场异常，辅助识别断层、褶皱等构造特征，为油气藏的圈闭条件评估提供关键参数。此外，在海洋可再生能源开发中，测绘技术通过对风能、潮汐能资源的空间分布与时间变化特征的量化分析，为能源设施的选址与布局提供决策依据。

2. 资源储量估算与环境风险评估

资源储量估算的精准性依赖于测绘技术对资源分布特征的全面刻画。在矿产资源评估中，测绘技术通过建立资源品位与沉积物类型、地形坡度等环境因子的关联模型，实现对储量的动态估算。例如，在多金属结核勘探中，结合声呐探测与海底取样数据，可构建结核丰度与沉积物粒径的回归模型，提高储量预测的可靠性。

环境风险评估是资源开发决策的重要前提。测绘技术通过构建海底地形稳定性模型、底质承载力模型等,量化开采活动对海洋环境的潜在影响。在深海采矿区,通过声呐探测与海底原位测试相结合,可评估采矿活动对底栖生物栖息地、沉积物悬浮扩散的影响范围,为环境影响评价提供量化指标。在油气开发中,测绘技术通过模拟海底管道路由的地质灾害风险,保障能源输送的安全性与经济性。

3. 资源动态监测与可持续性评估

海洋资源的动态变化特征要求测绘技术具备长期、连续的监测能力。在渔业资源评估中,声学探测与遥感影像的融合分析,实现了对鱼类资源种群密度、洄游路径及栖息地质量的动态监测。例如,利用水声学方法估算鱼类资源量,结合卫星遥感数据解析海洋锋面、温跃层等环境因子对资源分布的影响,为渔业资源的可持续利用提供科学管理建议。建立海洋动力环境模型,评估能源设施的长期运行稳定性。例如,在潮汐能开发中,通过长期监测潮汐流速、流向的变化特征,优化涡轮机组的布局与运行参数,提高能源转换效率。此外,测绘技术还为资源开发的生态补偿提供数据支撑,例如通过对比开发前后的海底地形变化,量化资源开采对海洋生态系统的影响,为生态修复措施的制定提供依据。

4. 多源数据融合与系统认知

海洋资源勘探与评估的复杂性要求测绘技术具备多源数据融合能力。在区域尺度上,卫星遥感与机载激光测深技术构建了海洋环境的大尺度背景场,揭示了资源分布与海洋动力过程的耦合关系。例如,在深海热液活动区,通过整合海底地形、热流异常、化学异常等多源数据,可解析热液系统的成因机制与资源富集规律。

海底原位观测网络与自主水下航行器(AUV)的应用,实现了对资源富集区的高分辨率探测。例如,在冷泉生态系统中,通过 AUV 搭载的多参数传感器,可同步获取甲烷浓度、底栖生物分布、沉积物孔隙水化学成分等数据,揭示冷泉系统与资源形成的共生关系。这种跨尺度的集成分析,不仅提升了资源评估的精度,更促进了海洋资源开发从单一要素管理向生态系统管理的范式转变。

(二)海洋工程建设的测绘保障

1. 工程选址与可行性评估的测绘支撑

海洋工程选址需综合考量资源分布、环境条件及工程安全性。测绘技术通过构建三维地质模型与环境模拟系统，为选址决策提供量化依据。在深海油气平台建设中，测绘技术通过整合海底地形、地质构造及灾害风险数据，识别适宜建设的工程区。例如，针对海底滑坡、断层等地质灾害，利用多波束声呐与重力测量数据，建立灾害风险评估模型，划定安全建设边界。同时，测绘技术通过分析海洋动力环境（如海流、波浪、潮汐等）对工程结构的作用力，优化平台布局与锚固方案，降低结构失稳风险。

在可再生能源工程中，测绘技术为风电场、潮汐能电站的选址提供环境适应性分析。例如，通过激光雷达扫描与数值模拟，量化风能资源分布与地形遮挡效应的关系，确定最佳风机布局；在潮汐能开发中，测绘技术通过长期监测潮汐流速与流向变化，评估涡轮机组的运行效率与疲劳损伤风险，为设备选型与维护周期提供依据。

2. 工程设计与施工的测绘精度控制

海洋工程的设计与施工须以高精度测绘数据为基础，确保工程结构与海洋环境的兼容性。在跨海桥梁、海底隧道等线性工程中，测绘技术通过多源数据融合，构建厘米级精度的海底地形模型，指导隧道纵轴线设计与桥梁桩基定位。例如，在港珠澳大桥建设中，利用机载激光雷达与无人测量船，获取海底微地形数据，优化沉管隧道的对接精度，减少施工误差。

在人工岛与围填海工程中，测绘技术通过动态监测工程区域的冲淤变化，调整填海方案。例如，在南海某人工岛建设中，通过长期监测岛体周围的水动力条件与沉积物输运特征，优化防波堤布局与护岸结构，降低侵蚀风险。此外，测绘技术还为工程材料的适应性选择提供数据支持，例如通过海底地质探测，评估不同岩土类型对桩基承载力的影响，指导桩基设计参数的优化。

3. 海洋工程安全监测的测绘响应

海洋工程运营阶段面临复杂环境荷载与结构老化的双重挑战，而测绘技术通过实时监测与风险预警，保障工程安全。在跨海大桥与海上风电场中，测绘技术通过 GNSS 位移监测、倾斜仪与应力传感器网络，实时获取结构变形与应力状态数据。例如，在某海上风电场中，利用北斗卫星导航系统与光纤传感技术，监测风机塔筒的倾斜与振动，预警潜在的结构损伤。

在海底管道与电缆工程中，测绘技术通过声呐探测与磁力测量，定期巡检管线状态。例如，在东海某油气管道中，通过搭载侧扫声呐的 AUV 检测管道涂层损伤与悬跨段变形，评估管道泄漏风险。此外，测绘技术还为工程应急响应提供决策支持，例如在台风、海啸等极端事件中，通过快速获取工程区域的地形变化数据，评估结构受损程度，指导抢险修复工作。

4. 海洋生态保护的测绘协同

海洋工程建设需平衡资源开发与生态保护的关系。测绘技术通过环境影响评估与生态修复监测,促进工程与生态的和谐共生。在港口扩建工程中,测绘技术通过多光谱遥感与水下摄影测量,评估施工活动对珊瑚礁、红树林等敏感生态系统的影响范围。例如,在某深水港建设中,通过对比施工前后的底栖生物群落结构与栖息地质量,制定生态补偿措施,如人工鱼礁投放与珊瑚移植。

在海洋牧场建设中,测绘技术通过声学探测与遥感监测,优化人工鱼礁的布局与增殖放流方案。例如,通过分析鱼礁周围的水流特征与鱼类聚集效应,调整鱼礁间距与形状,提高渔业资源养护效率。此外,测绘技术还为海洋保护区的规划与管理提供数据支持,例如通过识别生态敏感区与资源富集区的空间重叠,优化保护与开发的边界划定。

(三)海洋资源开发动态监测

1. 海洋资源分布与储量动态评估

海洋资源开发动态监测的首要任务是持续更新资源分布与储量信息。在油气资源开发中,通过高分辨率三维地震勘探与海底地形测绘,构建油气藏的动态模型,监测储层压力、流体分布及盖层完整性的变化。例如,在深海油气田开发中,测绘技术通过定期重复地震测量,识别储层中流体流动路径的迁移与压力场的变化,评估油气开采对储层结构的影响,指导调整注水或注气方案以优化采收率。

2. 海洋环境变化与生态响应监测

海洋资源开发动态监测需同步关注环境变化对资源开发的影响及开发活动对生态系统的反馈。在气候变化背景下,测绘技术通过卫星遥感与浮标观测,监测海平面上升、海洋酸化及水温变化对资源分布与开发适宜性的影响。例如,通过长期跟踪珊瑚礁白化与海草床退化数据,评估海洋升温对渔业资源栖息地的影响,指导渔场管理政策的调整。

3. 海洋开发活动合规性与风险管控

海洋资源开发动态监测需强化对开发活动的合规性监管与风险预警。在渔业资源开发中,测绘技术通过船舶自动识别系统(AIS)与卫星遥感,监测非法捕捞活动的时空分布,识别违规渔船的作业轨迹与渔获量,支持渔业执法部门的精准打击。例如,在公海渔业管理中,通过多源数据融合分析,识别“幽灵船”的作业热点区域,推动国际合作打击非法捕捞。

测绘技术通过实时监测平台位移、管道应力与泄漏风险,构建工程安全预警系统。例如,在海上风电场运营中,通过光纤传感网络与GNSS位移监测,实时获取风机塔筒的倾斜与振动数据,预警潜在的结构损伤;在海底管道巡检中,通过声呐探测与磁力测量,识别管道涂层损伤与悬跨段变形,评估泄漏风险,此外,测绘技术还通过环境模拟与风险评估模型,量化台风、海啸等极端事件对开发设施的冲击效应,指导应急预案的制定与演练。

4. 海洋资源开发效率与可持续性评估

海洋资源开发动态监测需量化开发活动的效率与可持续性。在油气开采中,通过对比不同开发阶段的生产数据与资源储量变化,评估开采技术的经济性与环境成本。例如,在页岩气开发中,通过监测水力压裂作业对地下水资源的影响范围与回灌效率,评估水资源保护措施的有效性,指导调整压裂液配方与回灌方案以降低环境风险。

在渔业资源开发中,通过声呐探测与渔获物标记技术,监测捕捞强度与资源再生速度的平衡。例如,在近海渔业中,通过标记回捕率与种群结构变化,评估不同渔具的生态友好性,推动选择性捕捞与最小捕捞尺寸(MLS)制度的落实。此外,测绘技术还通过多目标优化模型,平衡资源开发的经济效益与生态服务价值,例如,在珊瑚礁保护区周边开发中,通过量化生态补偿措施(如人工鱼礁投放)的生态收益与工程成本,优化保护与开发的边界划定。

二、海洋测绘技术在海洋环境保护中的应用

(一)海洋生态保护与修复

1. 海洋生态系统空间格局与动态监测

海洋测绘技术通过多尺度空间数据采集,解析海洋生态系统的空间分布与动态变化。在珊瑚礁生态系统中,高分辨率多波束声呐与侧扫声呐技术可识别珊瑚礁的三维结构与生物覆盖度,结合长期监测数据,揭示珊瑚礁退化与白化的空间扩散路径。例如,通过对比不同年份的珊瑚礁地形模型,量化珊瑚覆盖率的变化幅度与热点区域,评估气候变化与人类活动对珊瑚礁的叠加影响。

2. 海洋生物多样性保护与栖息地修复

海洋测绘技术为生物多样性保护提供空间信息基础。在深海热液喷口生态系统中,测绘技术通过海底地形与热液流体分布的关联分析,识别特有物种的栖息地偏好与种群分布,评估深海采矿活动对生物多样性的潜在威胁。例

如，通过对比采矿前后的热液喷口地形与生物群落结构，量化采矿对底栖生物的灭绝半径，推动国际海底管理局制定生态补偿标准。

在海洋保护区管理中，测绘技术通过动态监测保护区内物种的分布与丰度，评估保护措施的有效性。例如，在鲸类保护区中，通过被动声呐监测与卫星追踪技术，识别鲸类的迁徙路径与核心栖息地，优化保护区的空间配置与管理策略。在栖息地修复中，测绘技术通过地形重塑与底质改良工程，恢复受损生境的物理结构与生态功能。例如，在牡蛎礁修复中，通过三维地形建模与沉积物分析，设计人工礁体的布局与结构，促进牡蛎的附着与生长。

3. 海洋污染防控与生态风险预警

海洋测绘技术在污染防控中发挥空间预警与溯源作用。在溢油事故应急响应中，船载激光荧光遥感系统可快速识别海面油污的分布范围与扩散趋势，结合潮流与风场模型，预测油污的漂移路径与登陆点，指导应急资源的精准投放。例如，在墨西哥湾漏油事件中，通过多源遥感数据融合，实时追踪油污的时空演变，评估对海岸线与渔业资源的潜在影响。

4. 海洋保护区管理与生态补偿

海洋测绘技术为保护区管理提供空间决策支持。在保护区规划中，通过生态敏感性分析与生物多样性热点识别，优化保护区的空间布局与功能分区。例如，在海洋国家公园的划定中，综合考虑珊瑚礁、红树林与海草床的分布，划定核心区、缓冲区和实验区，平衡保护与利用的关系。

在保护区监测中，测绘技术通过长期跟踪保护区内生态系统的健康状况，评估人类活动的干扰强度与生态系统的恢复力。例如，在海洋牧场管理中，通过监测人工鱼礁的生物聚集效应与渔业资源的再生能力，评估鱼礁投放的生态效益，指导鱼礁的优化布局与养护策略。在生态补偿中，测绘技术通过量化生态系统服务的经济价值，推动"谁破坏、谁修复"的责任落实。例如，在海岸带开发中，通过评估红树林的防风固沙与碳汇功能，制定生态补偿标准与交易机制。

（二）海岸带环境管理

1. 海岸带生态系统的空间格局解析

海洋测绘技术通过多源数据融合，揭示海岸带生态系统的空间异质性与功能分区。在红树林生态系统中，机载激光雷达（LiDAR）与无人机遥感技术可穿透植被冠层，获取红树林的垂直结构与水平分布，识别红树林斑块的破碎化程度与连通性。通过对比不同年份的红树林地形模型，量化人类活动（如围垦、污染)与气候变化(如海平面上升)对红树林退化的驱动效应,评估生态廊道的完整性。

在滨海湿地生态系统中,合成孔径雷达(SAR)与高光谱遥感技术可穿透云层与水体,监测湿地植被的物候变化与生物量分布。例如,通过分析湿地植被的极化特征与光谱反射率,区分互花米草等入侵物种与本地物种的分布范围,评估生物入侵对湿地生态功能的威胁。此外,测绘技术还通过地形建模与水文分析,揭示湿地水文连通性与生态服务功能(如水质净化、碳汇)的空间关联,为湿地保护与修复提供空间决策依据。

2. 海岸带环境质量动态监测

在水质监测中,船载多参数水质传感器与卫星遥感技术可获取海岸带水体的溶解氧、pH 值、叶绿素浓度等参数,识别富营养化、赤潮等污染事件的时空分布。例如,通过对比不同季节的水质遥感影像,量化人类排污口与农业面源污染对近岸海域的影响范围,推动污染源的精准溯源与管控。

在沉积物监测中,水下机器人搭载的多光谱相机与化学传感器可获取沉积物的污染程度与生物毒性,识别重金属与持久性有机污染物的空间分布。通过对比污染区域与背景值的差异,评估污染源的贡献率与扩散范围,指导污染治理的优先区域选择。

3. 海岸带灾害风险预警与应对

在风暴潮与海啸灾害中,数字高程模型(DEM)与水动力模型可模拟极端事件下的淹没范围与水流速度,评估对沿海基础设施与生态系统的破坏潜力。例如,通过对比不同重现期下的淹没模拟结果,划定灾害风险区与安全避难所,指导海岸防护工程的规划与设计。

在海岸侵蚀监测中,多时相遥感影像与无人机倾斜摄影技术可获取海岸线的时空演变特征,识别侵蚀热点与防护结构的失效区域。通过分析侵蚀速率与人类活动(如填海造地、港口建设)的关联性,评估海岸防护工程的生态代价与经济效益,推动“基于自然的解决方案”(NbS)的应用,此外,测绘技术还通过灾害脆弱性评估模型,量化社会经济系统对海岸带灾害的暴露度与恢复力,推动灾害风险管理的精细化。

4. 海岸带空间规划与用途管制

在功能区划中,通过生态敏感性分析与资源承载力评估,划定海岸带的保护红线与开发利用边界。在用途管制中,测绘技术通过三维建模与可视化技术,评估不同土地利用方式(如港口、工业区、旅游区)对海岸带生态系统的叠加影响。例如,在填海造地项目中,通过模拟填海前后的水动力条件与沉积物输运路径，评估填海工程对渔业资源与海洋生物栖息地的破坏程度，推动“环境影响后评估”制度的落实。此外，测绘技术还通过空间冲突分析，识别不同功能区之间的空间矛盾与协调潜力，推动海岸带空间规划的弹性与适应性。

5. 海岸带生态系统服务价值评估

在防灾减灾服务中，通过数值模拟与遥感监测，量化红树林、珊瑚礁等生态系统的防风固沙、消浪护堤功能。例如，在台风灾害中，通过对比有防护林与无防护林海岸的淹没深度与经济损失，评估红树林的灾害减缓效益，推动生态补偿机制的建立。

在碳汇服务中，通过机载 LiDAR 与地面调查数据，计算红树林、海草床等生态系统的碳储量与固碳速率。例如，在蓝碳交易市场中，通过测绘技术提供的碳汇数据，推动海岸带生态系统的碳汇功能货币化，激励生态保护与修复投资。此外，测绘技术还通过生态系统服务价值评估模型，量化海岸带生态系统对人类福祉的多元贡献，推动生态保护与经济发展的协同。

（三）海洋环境综合治理

1. 海洋污染监测与溯源

海洋测绘技术通过多源数据融合与时空分析，实现海洋污染的精准监测与溯源。在海洋溢油事件中，卫星遥感与无人机测绘技术可快速获取溢油区域的分布范围与扩散路径，结合水动力模型模拟溢油的迁移规律，评估溢油对海洋生物栖息地与渔业资源的威胁。例如，通过对比不同时间节点的遥感影像，识别溢油源头的位置与泄漏规模，为污染责任的界定与生态修复提供证据支持。

在近岸海域污染监测中，测绘技术通过构建“水—气—沉积物”多介质监测网络，揭示污染物的空间分布与迁移转化规律。例如，利用水下机器人搭载的多参数传感器，获取近岸海域溶解氧、营养盐、重金属等污染物的垂直分布特征，结合地形数据与水文模型，分析污染物在潮汐、风浪作用下的扩散机制，为污染源的精准管控提供科学依据，此外，测绘技术还通过构建生态风险评估模型，量化污染事件对海洋生物的急性与慢性毒性效应，推动污染防控从末端治理转向源头控制。

2. 海洋生态系统的结构与功能解析

在珊瑚礁生态系统中，多波束声呐与水下激光扫描技术可获取珊瑚礁的三维结构与生物多样性分布，识别珊瑚礁的退化区域与恢复潜力。例如，通过对比不同年份的珊瑚礁地形模型，量化人类活动（如渔业捕捞、港口建设）与气候变化(如海洋酸化、海温升高)对珊瑚礁的复合影响,评估生态廊道的连通性与生态服务功能。

在海洋生物资源管理中,测绘技术通过声学探测与生物标记技术,追踪鱼类洄游路径与栖息地选择,评估渔业资源的时空分布与丰度变化。测绘技术还通过生态网络分析,揭示海洋生物种群间的相互作用与能量流动规律,推动生态系统服务功能的量化评估与生态保护优先区的划定。

3. 海洋灾害风险评估与预警

在赤潮与有害藻华监测中,测绘技术通过卫星遥感与浮标观测网络,获取藻类的时空分布与生物量变化,结合环境参数(如水温、营养盐浓度)的实时监测,预测赤潮的暴发风险与扩散趋势。例如,通过构建赤潮预警模型,将遥感影像与数值模拟结果相结合,实现赤潮事件的提前预警与动态跟踪,为渔业资源的保护与公众健康的维护提供决策支持。此外,测绘技术还通过灾害脆弱性评估模型,量化社会经济系统对海洋灾害的暴露度与恢复力,推动灾害风险管理的精细化。

4. 海洋资源可持续利用

在海洋矿产资源开发中,测绘技术通过对海底地形与地质构造进行分析,评估多金属结核、富钴结壳等资源的分布潜力与开采风险。例如,在深海采矿区选址中,通过模拟采矿活动对海底生态系统的扰动范围与恢复周期,评估采矿工程的生态代价与经济效益,推动绿色开采技术的应用。

在海洋可再生能源开发中,测绘技术通过对海洋风能、潮汐能与波浪能进行资源评估,优化能源设施的布局与运维。例如,在海上风电场建设中,通过模拟风能资源与鸟类迁徙路径的时空重叠度,评估风电场对鸟类生态的干扰效应,推动生态友好型能源开发技术的应用。此外,测绘技术还通过碳汇计量与监测,量化红树林、海草床等生态系统的固碳能力,推动海洋生态系统纳入全球碳交易市场。

5. 海洋环境治理的制度创新

海洋测绘技术为海洋环境治理的政策与制度创新提供科学依据。在海洋空间规划立法中,通过空间数据公开与共享平台,推动公众参与海洋规划的制定与监督。例如,通过在线地图平台展示海洋功能区划与生态保护红线,提升公众对海洋保护的认识与参与度。在海岸带开发中,通过评估红树林的防灾减灾功能,制定红树林破坏的生态补偿标准,促进生态保护与经济发展的协调。在环境监管中,测绘技术通过实时监测与数据传输,推动海洋环境管理的信息化与智能化。

第七章　测绘数据处理与分析方法

第一节　测绘数据的质量控制与错误纠正

一、测绘数据质量控制方法体系

(一)误差来源分析

1. 设备因素

主要涉及测量仪器的制造精度、校准状态及使用年限。例如,全站仪的测角误差与测距误差受其光学系统与电子元件的稳定性影响,若仪器未定期校准或长期处于高负荷运行状态,可能导致测角偏差累积与测距信号衰减。此外,测量设备的环境适应性也是误差的重要来源,如 GNSS 接收机在多路径效应干扰下,卫星信号反射与折射会引入伪距误差,而激光雷达在高温或高湿度环境中,其发射波长与接收灵敏度可能发生漂移。设备因素还包含数据传输与存储环节的误差,如数字水准仪的编码器分辨率限制、无人机传感器的像素失真等,均会导致原始观测数据的精度损失。

2. 环境因素

在气象条件方面,大气折射率的变化会显著影响电磁波的传播路径,导致出现 GNSS 定位中的电离层延迟与对流层折射误差。例如,在强降雨或雾霾天气下,激光雷达的回波强度减弱,可能使目标物体的反射特征失真。地形因素同样不可忽视,山区或城市峡谷环境中的信号遮挡与多路径效应,会加剧 GNSS 观测的几何精度衰减。此外,地球物理场(如地磁场、重力场)的局部异常,可能对惯性导航系统(INS)的姿态解算产生干扰,而海洋测绘中的潮汐、海流等水文要素,则直接影响水深测量与声呐成像的精度。

3. 观测者因素

在测量操作中,观测者的仪器对中整平精度直接影响水平角与垂直角的测量值,而读数时的视差误差或数字输入错误,可能导致毫米级甚至厘米级的偏差。认知偏差则表现为对测量目标的误判,如在复杂地形中,观测者可能将非目标特征误识别为控制点,导致坐标配准错误。此外,观测者的经验水平与心理状态也会影响误差分布,例如新手在高压环境下更易出现操作失误,而疲劳作业可能降低对异常数据的敏感性。

4. 数据处理因素

在坐标转换与投影变换中,地球椭球参数的选择、投影方式(如高斯—克吕格投影、UTM 投影)的适用性,均可能造成变形误差。例如,在长距离跨区域测绘中,若采用单一投影带,则边缘区域的长度变形可能超过工程允许范围。滤波与插值算法的适用性同样关键,如反距离加权插值在数据稀疏区域可能产生"牛眼效应",而克里金插值对空间变异性的假设如与实际不符,则会导致趋势面拟合偏差。此外,数据融合中的权重分配问题(如多源遥感影像的配准与融合),如未充分考虑各数据源的精度与分辨率差异,可能引发空间位置与属性信息的冲突。

(二)质量控制标准建立

1. 技术规范性的维度

质量控制标准的技术规范性源于测量学科的基本原理与工程实践的长期积累。在空间定位层面,平面坐标与高程基准的统一性是基础要求,例如采用 2000 国家大地坐标系(CGCS 2000)与 1985 国家高程基准,确保测绘成果的空间参照框架一致性。对于平面控制测量,需明确各级控制点的布设密度、边长观测精度(如一等三角网边长相对中误差≤1/300 000)与角度观测限差(如全站仪一测回方向观测中误差≤±1.0″),以保障控制网的整体强度与局部精度。高程控制则需规范水准测量路线的设计、观测方法(如往返测高差不符值限差)与闭合差分配原则,防止误差累积导致地形起伏的失真。

在属性信息层面,数据字典与编码体系的标准化是关键。例如,土地利用分类需遵循国家标准《土地利用现状分类》(GB/T 21010—17),确保遥感影像解译与实地调查的一致性;地理实体编码需采用统一的空间标识符(如行政区划代码+实体唯一标识),避免多源数据融合时的语义冲突,此外,属性数据的完整性约束(如必填字段、值域范围)与逻辑一致性规则(如拓扑关系、属性关联)需通过数据模型与约束表达式进行定义,例如在 GIS 数据库中,通过 SQL 脚本验证线状要素的端点连接性或面状要素的拓扑闭合性。

2. 实践适用性的维度

质量控制标准的实践适用性需平衡技术精度与工程成本。对于不同比例尺的测绘任务,需差异化设定精度指标。例如,1:500 地形图测量的平面精度要求(如地物点相对邻近图根点的点位中误差≤±0.15 m)显著高于1:10 000比例尺(≤±0.5 m),以适应城市详细规划与区域国土调查的精度需求。在特殊环境(如山区、沙漠)或紧急测绘任务(如灾害应急响应)中,需制定弹性标准,例如放宽高程中误差限差或采用快速成图技术,但需通过误差传播模型与风险评估进行补偿性控制。

多源数据融合场景下的质量控制标准需突破单一数据源的精度局限。例如,在无人机倾斜摄影与激光雷达点云数据的集成中,需定义空间配准精度(如同名点中误差≤±0.1 m)与属性映射规则(如DSM与DOM的高程一致性约束),以消除数据源间的系统偏差。对于众源地理信息(VGI)的质量控制,需引入置信度评价模型,例如通过用户行为分析(如历史贡献质量、设备精度等)与数据冗余校验(如多数投票机制)动态调整用户提交数据的权重。

3. 误差传递与累积控制

质量控制标准需深入剖析误差在测绘作业链中的传递规律。在数据采集环节,需规范设备校准周期(如全站仪每年强制检定)与操作流程(如GNSS静态观测的时段长度、观测卫星数阈值),以削弱系统误差源。在数据处理环节,需定义算法参数的约束条件,例如在影像匹配中,设置搜索窗口大小、相关系数阈值与迭代收敛条件,防止误匹配导致的几何变形。在成果输出环节,需建立质量元数据标准,记录数据生产过程中的精度指标、处理步骤与质量评价结果。误差累积的量化控制是标准建立的核心挑战。例如,在多级控制网平差中,需要通过协方差传播律计算各级控制点的点位中误差,并设定最大允许误差(如相邻控制点间高差中误差≤±5 cm)。对于动态测绘系统(如移动测量系统MMS),需定义轨迹漂移的累积限差(如每千米定位误差≤±0.2 m),并通过惯性导航系统(INS)与GNSS的组合滤波进行实时校正,此外,需建立误差溯源机制,例如通过误差椭圆分析识别系统误差主导区域,或通过残差分布检验(如x^2检验)定位粗差源,为质量改进提供依据。

4. 标准体系的动态演进

质量控制标准需适应技术发展与需求变化。在新型传感器(如量子雷达、合成孔径雷达干涉测量InSAR)与计算范式(如深度学习、数字孪生)的驱动下,标准需扩展误差模型与质量评价指标。例如,对于InSAR形变监测数据,需定义相位解缠误差、大气延迟误差与时空去相关误差的量化标准;对于深度学习生成的DEM,需引入泛化误差与不确定性评估指标(如蒙特卡罗Dropout的方差估计)。此外,需建立标准更新的反馈机制,例如通过行业调研、技术验证与案例分析,定期修订精度指标、数据格式与处理流程。

5. 跨学科融合的视角

质量控制标准的建立需融合测量学、统计学、信息科学与管理科学。在统计推断层面,需采用贝叶斯方法融合先验信息与观测数据,例如通过先验分布约束控制点坐标的初始值,提高平差解的稳定性;在信息科学层面,需定义数据质量维度(如准确性、完整性、一致性、时效性)与质量度量函数(如 F-measure、信息熵),并通过本体论实现多源数据质量语义的互操作;在管理科学层面,需建立质量管理体系(如 ISO 9001 与测绘资质认证标准),规范测绘单位的组织结构、过程控制与持续改进机制。

(三)质量控制流程设计

1. 数据采集阶段的质量控制流程

数据采集是测绘工程的起点,其质量控制流程需围绕传感器校准、观测条件约束与数据完整性验证展开。在传感器层面,需建立设备全生命周期管理机制,包括采购验收(如设备精度指标验证)、定期检定(如全站仪的测角精度校准)与故障修复后的性能复测。例如,GNSS 接收机需在启用前通过基线解算验证其伪距与载波相位观测精度,确保其符合项目精度要求。观测条件约束则需通过环境参数监测(如大气折射指数、多路径效应强度)与作业规范执行(如观测时段选择、卫星截止高度角设定)进行动态调控。例如,在高层建筑密集区进行 GNSS 静态观测时,需延长观测时段以削弱多路径误差,并通过气象传感器实时记录温度、气压与湿度数据,用于后续大气延迟改正。

数据完整性验证是采集阶段质量控制的另一重点。需设计冗余观测机制(如重复测量、交叉验证等)与自动化检查工具(如基于机器学习的异常点检测算法),确保原始数据的覆盖度与一致性。例如,在无人机倾斜摄影中,需通过航线规划软件预估影像重叠度(航向≥70%、旁向≥30%),并在数据传输后通过特征点匹配算法验证影像间的几何关系,此外,需建立数据质量元数据记录机制,在采集阶段即标注观测时间、设备型号、环境参数等关键信息,为后续处理提供溯源依据。

2. 数据处理阶段的质量控制流程

数据处理阶段的质量控制需聚焦于算法稳定性、参数约束与中间成果验证。算法稳定性控制需通过软件测试(如单元测试、集成测试)与算法验证(如已知数据集上的精度对比)确保数据处理流程的鲁棒性。例如,在影像匹配算法中,需定义特征点提取阈值、匹配窗口大小与相似性度量准则,并通过蒙特卡罗模拟评估算法在不同噪声水平下的性能。参数约束则需结合先验知识与误差传播规律,例如在 DEM 内插中,需根据地形复杂度(如坡度、曲率等)动态调整反距离权重插值法的幂指数参数,防止过拟合或欠拟合现象。

中间成果验证是数据处理阶段质量控制的关键环节。需设计多级检查机制,包括自动化检查(如拓扑一致性校验、属性值域约束)与人工抽检(如关键区域的高程对比、地物分类合理性评估)。例如,在 GIS 数据库更新中,需通过 SQL 脚本验证新增要素的空间关系(如线状要素的端点是否与已有节点重合)与属性关联(如道路等级与宽度是否匹配)。此外,需建立版本控制机制,对每个处理步骤的输入数据、算法参数与输出成果进行版本标记,以便在发现质量问题时快速定位责任环节。

3. 成果应用阶段的质量控制流程

成果应用阶段的质量控制需围绕用户需求验证、误差传播分析与质量反馈循环展开。用户需求验证需通过需求规格说明书(SRS)与用户确认测试(UAT)确保测绘成果满足应用场景的精度、格式与内容要求。例如,在土地利用变更调查中,需对比分析新测成果与历史数据的空间一致性(如宗地边界重叠度≥95%)与属性一致性(如土地利用类型变更合理性)。误差传播分析则需通过不确定性量化方法(如蒙特卡罗模拟、协方差传播律)评估测绘成果在下游应用中的累积误差。例如,在洪水淹没模拟中,需分析 DEM 高程中误差对淹没范围预测的影响,并通过敏感性分析确定关键误差源。

质量反馈循环是成果应用阶段质量控制的闭环机制。需建立用户反馈渠道(如在线投诉系统、定期回访)与质量改进流程(如问题分类、根本原因分析、纠正措施实施),确保质量问题得到系统性解决。例如,当用户反馈某区域的高程数据与实地测量结果存在系统性偏差时,需追溯至数据采集、处理或基准转换环节,通过对比分析、重测验证与算法优化消除偏差根源,此外,需通过质量成本分析(如预防成本、鉴定成本、失败成本等)评估质量控制流程的经济性,为流程优化提供决策依据。

4. 质量控制流程的动态优化

质量控制流程的动态优化需融合技术发展与组织变革。在技术层面,我们需要通过机器学习算法来实现流程的智能化升级,例如异常检测和预测性维护。例如,在传感器校准中,可通过历史数据训练回归模型预测设备性能衰减趋势,提前安排校准计划;在数据完整性验证中,可通过生成对抗网络(GAN)生成模拟数据,增强异常点检测模型的泛化能力。在组织层面,需通过流程再造与精益管理消除流程中的非增值环节。例如,在数据处理阶段,可通过自动化工作流引擎(如 Airflow、Luigi)替代人工任务调度,提高处理效率与可追溯性。

二、测绘数据常见错误类型

（一）系统误差

1. 仪器误差

仪器误差源于测量工具的固有缺陷或使用不当，表现为仪器参数偏离标称值或性能随时间衰减。例如，水准仪的水准管轴与视准轴不平行会导致高差测量出现固定偏差，全站仪的测距加常数偏差会引发距离测量的系统性偏移。此类误差的纠正需通过仪器校准与参数补偿来实现。仪器校准包括绝对校准与相对校准，前者通过高精度基准设备确定仪器参数真值（如激光干涉仪校准测距仪），后者通过已知参数的参考对象验证仪器性能（如基线场校准 GNSS 接收机）。参数补偿则基于误差模型对测量值进行修正，例如在水准测量中，通过测定 i 角误差并建立改正公式 $h=2RD2 \cdot \rho'' \cdot i$ 消除视准轴倾斜影响，其中 D 为测站间距，R 为地球曲率半径，ρ'' 为弧度秒转换系数，i 为 i 角误差。

2. 方法误差

方法误差源于理论模型的简化假设或算法缺陷，表现为模型解与实际解的偏差。例如，地球重力场模型采用有限阶数球谐函数展开会导致长波误差，摄影测量共线方程的线性化处理会造成近似误差。此类误差的纠正需通过模型扩展与参数优化来实现。模型扩展包括增加模型复杂度（如提高球谐函数阶数、引入非线性项）与融合多源数据（如联合重力梯度与卫星测高数据），参数优化则通过最小二乘法或贝叶斯估计调整模型参数以拟合实测数据。

方法误差的传播规律需基于误差传播定律分析。例如，在 GNSS 相对定位中，站间单差观测方程的系统误差传播系数矩阵可通过雅可比矩阵求导获得，进而量化基线解算中各误差源（如卫星钟差、轨道误差、电离层延迟）对定位结果的影响权重。对于多源数据融合场景，方法误差的协同校正需构建联合误差模型，如联合平差中同时估计卫星钟差、轨道误差与接收机硬件延迟等参数，通过最小化全局残差平方和实现误差最优分配。

3. 环境误差

环境误差具有时空相关性，表现为环境参数变化对测量结果的干扰。例如，温度变化会导致钢尺伸缩、水准仪气泡居中困难，气压波动会影响 GNSS 对流层延迟，风力会导致全站仪目标偏移。此类误差的纠正需通过实时监测与物理模型补偿来实现。实时监测包括环境传感器网络(如温湿度计、气压计、风速仪等)与仪器内置环境参数记录功能,物理模型补偿则基于经验公式或数值模拟(如射线追踪算法计算对流层延迟)。

(二)数据格式与逻辑错误

1. 数据格式错误的本质与表现

测绘数据格式错误通常表现为数据结构与标准不匹配,其根源在于数据编码规则、存储方式或传输协议的偏差。例如,在 GIS 系统中,矢量数据与栅格数据的存储格式存在本质差异:矢量数据以点、线、面等几何要素为核心,采用拓扑结构组织空间关系;栅格数据则以像素单元为基本单位,通过网格结构表达地理现象的分布。若将矢量数据错误地以栅格格式存储,会导致空间精度损失,如某桥梁工程中,因图纸总尺寸与局部尺寸不统一,施工方未对矢量数据的拓扑关系进行校验,直接依据错误尺寸放样,最终造成枕梁与桥台间距偏差 30 厘米。

具体到文件格式层面,常见问题包括数据分隔符不统一、小数点符号错误及编码格式冲突。例如,在道路测设软件中,高程数据若以全角逗号或中文句号作为分隔符,将导致软件无法解析数值;文件编码若选择 UTF-8 而非 ANSI,则可能引发乱码。此类错误虽可通过技术手段(如 Excel 宏脚本)统一格式,但需从数据生产阶段建立标准化流程,例如规定所有矢量数据必须采用 Shapefile 格式(.SHP、.DBF、.SHX),并明确 PRJ 文件的坐标系参数,避免因格式缺失导致空间位置错误。

2. 技术标准与认知偏差的交织影响

数据格式与逻辑错误的纠正需回归技术标准与认知逻辑的双重维度。从技术标准看,测绘行业已形成一套完备的规范体系,如《测绘地理信息常用行业标准汇编》对 DLG、影像等数据的质量元素(A 类、B 类、D 类)进行了详细分类。然而,实际执行中仍存在标准悬空现象。技术标准与认知偏差的交织还体现在过拟合与欠拟合的权衡中。例如,在建立地形模型时,若过度依赖高密度点云数据,可能捕捉到噪声而非真实地形特征;反之,若简化模型以规避噪声,则可能丢失关键地形细节。这种权衡要求测绘人员既要精通技术标准,也要具备地理空间认知能力。

三、错误类型的纠正技术

(一)技术体系的规则化重构

测绘数据错误的纠正需以规则化技术体系为核心,其核心在于将经验性操作转化为可计算的逻辑规则。例如,在系统误差消除中,传统方法依赖理论分析与实验比对,而现代技术则通过规则嵌入实现自动化纠正。具体而言,可建立基于知识图谱的误差模型,将仪器缺陷、环境扰动等因素映射为规则节点,通过推理引擎自动匹配纠正策略。例如,当水准仪水平游丝检测按钮卡滞时,系统可依据"仪器状态—环境参数—操作日志"的多维关联规则,识别故障模式并触发校准流程。

(二)逻辑框架的范式化升级

测绘数据错误的纠正需建立范式化的逻辑框架,其核心是将数据处理流程转化为形式化的语言描述。例如,在坐标系转换中,传统方法依赖人工选择转换参数,而现代技术则通过本体论构建坐标系语义模型。该模型将投影方式、基准面、分带规则等要素表示为 RDF 三元组,通过 SPARQL 查询语言实现自动化转换。此类方法要求将测绘学知识转化为计算机可理解的逻辑表达式,例如在 OWL 中定义"UTM 投影是墨卡托投影的子类"。

数据关联的逻辑验证需依赖约束满足问题(CSP)的求解。例如,在管线连续性检查中,可将管径、流向、材质等属性构建为约束网络,通过回溯搜索算法验证数据一致性。若某段管线直径突变且流向矛盾,则判定为逻辑错误。此类方法要求将地理空间关系转化为数学约束,例如在 Z3 求解器中实现拓扑规则的符号计算。

算法应用的逻辑适配需建立模型选择范式。例如,在插值分析中,需根据数据分布特征选择克里金、反距离权重或自然邻域法。该过程可通过决策树模型实现自动化:若数据呈各向同性且满足平稳假设,则选择克里金法;若数据分布稀疏且存在孤立点,则选择反距离权重法。此类范式要求将算法适用性转化为可计算的逻辑规则,例如在 R 语言中实现基于交叉验证的模型选择流程。

(三)认知机制的迭代式深化

测绘数据错误的纠正需依赖认知机制的迭代升级,其核心是将经验知识转化为可计算的知识表示。例如,在图纸理解错误中,传统方法依赖人工复核,而现代技术可通过自然语言处理(NLP)解析设计变更单。该技术将文本中的"基础抬高 50 厘米"等指令映射为 CAD 图元的参数更新,通过本体推理实现图纸的自动修正。此类方法要求将工程语义转化为计算机可理解的逻辑结构,例如在 Protégé 中定义"基础抬高"操作的本体模型。

空间认知的逻辑显性化需建立认知图式模型。例如,在坡度分析中,可将

"坡度应连续变化"的认知规则转化为数值梯度约束。若某点坡度突变超过阈值,则触发空间插值算法进行平滑处理。此类方法要求将地理空间规律转化为可计算的逻辑表达式,例如在 Python 中实现基于拉普拉斯算子的坡度修正算法。

第二节　测绘数据的可视化策略与工具

一、常用可视化工具与平台

(一)GIS 软件可视化功能

1. 技术架构的支撑性

GIS 软件的可视化功能基于分层渲染引擎与空间数据库的协同架构。以 ArcGIS 为例,其底层采用 OpenGL 实现三维场景的实时渲染,通过多线程技术处理海量矢量与栅格数据。该架构支持动态 LOD(Level of Detail)策略,即根据视点距离动态调整数据精度:当观测范围扩大时,自动聚合矢量数据为面状符号;当聚焦局部时,则加载高精度点云数据。这种技术设计源于地理空间认知的"尺度效应",即人类对空间信息的感知精度随观察尺度变化而改变。例如,在城市规划中,宏观尺度下需展示功能分区,而微观尺度下则需呈现建筑轮廓,GIS 通过动态 LOD 实现了空间认知的连续性表达。

2. 符号系统的语义化

符号化是测绘数据可视化的核心环节,其本质是将地理属性映射为视觉变量。GIS 软件采用"语义—视觉"双通道编码机制:语义通道通过分类编码(如土地利用类型)将数据归类,视觉通道则通过形状、大小、颜色等变量传递信息。例如,在 QGIS 中,通过"分类渲染"功能可将土地利用数据映射为不同颜色(如耕地为黄色、建设用地为红色),同时利用"比例符号"显示人口密度的空间差异。这种符号系统需遵循视觉认知规律,如韦伯—费希纳定律指出,人类对数量差异的感知与物理量的对数成正比,因此 GIS 在符号化时需对数值数据进行归一化处理,避免视觉误导。

3. 空间分析的认知增强

GIS 软件的可视化功能不仅限于数据呈现,更需支持空间认知的深化。其空间分析模块通过叠加分析、缓冲区分析等技术,揭示数据间的潜在关系。例如,在环境监测中,通过将污染源数据与地形数据叠加,可识别污染扩散的潜在路径;在交通规划中,通过缓冲区分析可计算道路噪声对周边居民区的影响范围。此类分析需基于空间认知的邻近性原则,即地理现象的影响力随距离衰减。GIS 通过空间分析算法(如欧氏距离、网络距离等)将这一原则转化为可计算的模型,从而增强用户对空间关系的理解。

4. 人机交互的动态性

现代 GIS 软件强调人机交互的动态性,其核心是通过实时反馈机制支持用户的探索式分析。例如,在 ArcGISPro 中,用户可通过时间滑块控件动态展示土地利用变化过程,或利用"时间感知"功能分析降雨量随时间的分布特征。这种交互性源于地理空间认知的过程性,即地理现象是时间与空间的函数。GIS 通过动画技术(如关键帧插值、粒子系统)将这一过程性转化为可视化叙事,使用户能够从静态快照转向动态模拟。此外,GIS 还支持三维场景的交互操作,如通过手势识别技术实现地形起伏的实时缩放与旋转,进一步增强了空间认知的沉浸感。

(二)编程库可视化实现

1. 数据抽象的层级化建模

编程库通过数据抽象层将地理空间数据结构为可计算的图元。以 Python 的 Matplotlib 与 Geopandas 组合为例,矢量数据(如 Shapefile)通过 GeoDataFrame 对象解析为几何对象(Point、LineString、Polygon),栅格数据(如 GeoTIFF)则通过 Rasterio 库加载为 NumPy 数组。这种抽象机制基于空间认知的"尺度—粒度"二元性:宏观尺度下,矢量数据可聚合为多边形中心点以降低计算复杂度;微观尺度下,栅格数据需通过重采样技术(如双线性插值)提升空间分辨率。数据抽象层需遵循 OGC(Open Geospatial Consortium)标准,确保不同格式数据的互操作性,例如通过 GeoJSON-LD 实现地理实体与语义网络的关联。

2. 图形语法的符号化表达

图形语法是编程库实现可视化的理论基石,其核心是将地理属性映射为视觉变量。以 R 语言的 ggplot2 为例,其语法结构由数据层、美学映射层、几何对象层及统计变换层构成。在测绘数据可视化中,这一框架需扩展空间认知维度:空间维度通过坐标系实现地理投影(如 WebMercator)与数据坐标的转换;时间维度通过分面技术将时序数据分解为多图层;语义维度通过颜色渐变与形状编码传递地理属性(如土地利用类型)。例如,在绘制城市人口密度图时,需将经纬度坐标映射为散点图的位置属性,同时通过色阶编码人口密度值,这一过程需遵循视觉感知的韦伯—费希纳定律,即对数值差异的感知与物理量的对数成正比。

3. 交互逻辑的动态化实现

编程库通过事件驱动模型实现空间数据的动态交互。以 JavaScript 的 D3. js 为例,其数据绑定机制允许用户通过缩放、平移等操作实时更新视图。在测绘场景中,这一功能需解决空间认知的“探索—确认”悖论:用户既需宏观概览以识别空间模式,又需微观聚焦以验证局部细节。D3. js 通过四叉树索引优化空间查询效率,同时支持力导向图算法实现地理网络的动态布局。例如,在交通流量可视化中,用户可通过时间滑块控件动态展示车流路径,此时编程库需实时计算路径的拥堵程度并更新线条宽度,这一过程需平衡计算性能与交互响应速度。

4. 性能优化的计算图重构

测绘数据的高维性与海量性对编程库的性能提出严峻挑战。以 Python 的 Plotly 为例,其通过 WebGL 加速实现三维地形渲染,但当数据量超过百万级时仍需计算图重构。具体策略包括:1)空间索引优化,如使用 R 树替代线性扫描以加速空间查询;2)层级细节(LevelofDetail,LOD)技术,即根据视点距离动态调整数据精度;3)并行计算,如通过 Dask 库将栅格计算任务分发至多核处理器。在极端场景下(如全球尺度气候模拟),需采用降维技术(如 PCA)与流式计算(如 ApacheFlink)以实现实时可视化。性能优化的本质是空间认知的“计算—感知”权衡,即通过牺牲部分计算精度以换取视觉流畅性。

5. 多源数据融合的语义对齐

测绘数据可视化需应对多源异构数据的融合问题。编程库通过数据模型转换(如从 CAD 到 GIS)与语义对齐实现跨格式数据的统一表达。例如,在智慧城市建设中,需将建筑 BIM 模型(IFC 格式)、地下管线数据(CityGML)及遥感影像(GeoTIFF)融合为三维场景。这一过程需解决坐标系转换(如地理坐标到投影坐标)、数据冲突(如同一位置存在不同属性)及语义歧义(如“道路”在不同数据集中定义不同)。编程库通过本体论技术构建领域知识图谱,将多源数据的语义关系显式化,从而支持数据的自动化融合与一致性校验。

(三)在线可视化平台

1. 数据层的地理空间抽象与融合

在线平台的数据层需要解决多源异构地理数据的语义对齐问题。矢量数据(如 Shapefile、GeoJSON)与栅格数据(如 GeoTIFF)的融合,需依赖 OGC 标准的空间数据模型(如 Simple Features)。例如,平台通过 Geo Server 将矢量数据发布为 WMS/WFS 服务,同时利用 GDAL 库实现栅格数据的动态切片。这一过程需建立空间索引(如 Quadtree 或 R-Tree)以加速空间查询,并采用分层细节技术根据视点距离动态调整数据精度。此外,多源数据的语义冲突需通过本体论技术解决,例如将不同数据集中“道路”概念的差异映射为统一的本体类,从而实现跨格式数据的自动化融合。

2. 计算层的分布式地理处理

测绘数据的计算层需突破单机性能瓶颈,采用分布式计算框架(如 Apache Spark 或 Geo Mesa)实现空间分析的并行化。例如,在处理大规模点云数据时,平台可将数据分片后分发至多个计算节点,通过空间分区算法(如 Hilbert 曲线)减少节点间通信开销。复杂空间分析(如网络分析、地形建模)则需调用地理处理服务(如 ArcGIS REST API),其底层实现可能基于 GPU 加速的并行算法。计算层的性能优化需遵循“计算—传输”权衡原则,即通过预计算减少实时计算量,同时采用数据压缩(如 Draco)降低网络传输延迟。

3. 表示层的符号化与视觉编码

表示层的核心是地理空间数据的符号化表达,需遵循视觉认知规律与空间语义逻辑。平台通常提供符号库支持点、线、面要素的视觉编码,例如通过 ISO 19117 标准实现符号的语义化描述。在符号化过程中,需考虑空间认知的“尺度—粒度”特性:宏观尺度下,矢量数据可聚合为多边形中心点以降低视觉复杂度;微观尺度下,需通过纹理映射增强栅格数据的细节表现。此外,平台需支持动态符号化,即根据数据属性(如人口密度、交通流量等)实时调整符号参数(如颜色、大小等),这一过程需基于视觉感知的韦伯—费希纳定律进行参数优化。

4. 交互层的地理空间探索与协同

交互层通过事件驱动模型实现用户与地理数据的动态交互。平台需支持多模态交互,包括鼠标拖拽、滚轮缩放、触摸手势等操作,其底层实现通常基于 WebGL 的坐标变换与视锥体裁剪。复杂交互(如空间查询、路径规划等)需调用地理处理服务,并通过回调机制更新视图状态。协同功能则依赖 WebRTC 或 Web Sockets 实现多用户实时协作,例如在灾害应急场景中,不同用户可同时标注受灾区域并共享分析结果。交互层的性能优化需采用空间索引加速空间查询,并通过预测渲染减少用户操作的延迟感知。

5. 多源数据融合的语义对齐与知识图谱

测绘数据的在线可视化需应对多源异构数据的语义冲突问题。平台通过构建领域知识图谱实现数据的语义对齐,例如将 BIM 模型(IFC 格式)、地下管线数据(CityGML)及遥感影像(GeoTIFF)映射为统一的本体模型。语义对齐过程涉及坐标系转换(如地理坐标到投影坐标)、数据冲突消解(如同一位置存在不同属性)及语义推理。例如,通过定义“道路”为具有拓扑连接性的线性实体,可自动识别并合并不同数据集中的道路网络。知识图谱的构建需依赖 NLP 技术(如 BERT)提取数据中的语义关系,并通过图数据库(如 Neo4j)实现高效查询。

二、高级可视化技术

(一)认知增强可视化

认知增强可视化的本质是通过视觉编码与认知机制的系统性耦合,实现地理空间数据的语义化重构。传统可视化依赖符号系统的显式映射(如颜色表示地形高度),而认知增强技术则通过隐式语义关联提升信息传递效率。例如,利用生成对抗网络(GAN)对 LiDAR 点云数据进行语义分割后,将建筑轮廓与功能属性(如住宅、商业)映射为三维模型的纹理特征,使用户在三维漫游过程中通过视觉感知直接理解空间语义,此外,知识图谱的嵌入进一步强化了认知增强效果,如将城市路网数据与 POI(兴趣点)数据关联后,通过图神经网络(GNN)提取空间交互模式,最终以拓扑图的形式呈现城市功能区的关联强度。

(二)多模态交互可视化

多模态交互技术通过整合视觉、听觉、触觉等多通道信息,构建沉浸式地理空间认知环境。在虚拟现实(VR)场景中,用户可通过手势交互(如抓取、旋转等)操控三维地形模型,同时通过语音指令触发空间分析(如“显示半径 500 米内的医院”)。这一过程依赖跨模态语义映射算法,例如将手势轨迹转换为空间查询语句,或通过语音识别提取空间描述关键词(如“高密度住宅区”)。触觉反馈则通过力反馈设备模拟地形摩擦力,增强用户对空间特征的感知。多模态交互的核心挑战在于多通道信息的语义一致性,需通过动态注意力分配机制协调不同模态的优先级,例如在复杂场景中优先响应视觉冲突信息。

(三)动态可视化

动态可视化技术通过时间维度的引入,实现地理空间数据的四维建模与认知重构。在时空立方体模型中,空间数据(如人口分布)与时间数据(如迁移流动)被映射为三维空间中的连续体,用户可通过时间滑块动态观察空间模式的演化。例如,在疫情传播可视化中,将每日新增病例数据与地理坐标关联后,通过粒子系统模拟病毒扩散过程,粒子颜色表示感染阶段(如潜伏期、发病期),运动轨迹反映传播路径。动态可视化的关键在于时空语义的解耦与重构,需采用时空索引(如 ST-DBSCAN)加速时空查询,并通过流数据可视化技术(如 Streamgraph)处理高频更新数据。

三、可视化性能优化技术

(一)多线程计算技术

多线程计算通过将数据预处理任务分配至后台线程,实现主线程的渲染阻塞解除。在地理信息系统中,空间查询(如缓冲区分析)与数据聚合(如网格统计)属于计算密集型任务,需占用大量 CPU 资源。通过 WebWorkers 技术,可将这些任务迁移至独立线程,例如在用户缩放地图时,后台线程并行计算新视图范围内的空间统计数据,而主线程继续渲染当前视图。多线程计算的瓶颈在于线程间通信效率,需采用共享内存或消息传递机制实现高效数据交换,此外,GPU 加速的多线程计算(如 Web GL2.0 的 Worklets)可进一步提升计算性能,例如通过 GPU 并行化处理大规模点云数据的法向量计算。

(二)分层渲染技术

分层渲染通过将地理空间数据划分为多个语义层次,实现渲染效率与视觉精度的动态平衡。在三维地形可视化中,可将地形数据分解为基底层(宏观地形)、细节层(地貌特征)及动态层(实时更新要素)。基底层采用低分辨率网格(如 100 米网格)实现快速加载,细节层通过纹理映射叠加高程细节,动态层则用于呈现天气变化或交通流。分层渲染的关键在于空间索引的构建,如四叉树或八叉树,通过空间划分实现渲染任务的分层调度。例如,当用户缩放至局部区域时,系统动态加载该区域的高分辨率细节层,同时卸载其他区域的细节数据,从而降低内存占用并提升渲染帧率。

(三)LOD 动态调整技术

LOD 技术根据视图参数动态调整数据分辨率,实现空间复杂度与渲染精度的匹配。在三维城市建模中,可根据视距和视角调整建筑模型的细节层次:当视距较远时,采用低多边形模型(如每栋建筑仅保留轮廓);当视距较近时,切换为高精度模型(如包含门窗细节)。LOD 切换需解决视觉伪影问题,如通过几何变形实现模型过渡的平滑性。此外，LOD 技术可扩展至时间维度，例如在交通流可视化中，根据时间粒度（如小时、分钟）动态调整车辆轨迹的采样密度，从而在宏观时间尺度下呈现整体趋势，在微观时间尺度下呈现细节变化。

第三节　测绘数据在智能决策支持系统中的应用

一、测绘数据在环境监测与灾害预警中的应用

（一）地震灾害应急救援中的测绘数据应用

地震发生后，测绘数据通过震后快速制图技术，为应急决策提供空间信息支撑。遥感影像变化检测技术利用多时相影像对比，快速识别建筑物损毁、道路中断及山体滑坡等次生灾害的空间分布。例如，通过高分辨率卫星影像与无人机倾斜摄影，可生成震区三维地形模型，标注出倒塌建筑物的位置与范围。无人机三维建模技术则进一步细化局部区域，获取建筑物结构损伤细节。结合人口分布数据库与救援资源数据库，通过最短路径算法（如 Dijkstra、A *）优化救援路线，确保物资与人员高效调配。例如，在 2015 年尼泊尔地震中，基于测绘数据的路径优化模型，使救援队伍到达灾区的时间缩短。

（二）洪水灾害应急救援中的测绘数据应用

洪水灾害应急救援中，测绘数据通过实时水位监测与洪水淹没模拟，生成动态风险图与疏散路径规划。基于 GIS 网络分析的疏散模型，综合考虑道路通行能力、人口密度及避难所容量，生成最优疏散方案。例如，通过融合水文模型与地形数据，预测洪水淹没范围与深度，为居民疏散提供时间窗口。移动终端定位数据与社交媒体信息的融合，通过时空聚类算法（如 DBSCAN、ST-DBSCAN）识别受困人群分布，辅助精准救援。例如，在 2017 年美国休斯敦飓风灾害中，基于测绘数据的受困人群识别模型，使救援效率提升。

（三）森林火灾应急救援中的测绘数据应用

森林火灾应急救援中，测绘数据通过多源遥感与地面传感器网络，实现火点定位、火势蔓延预测及烟雾扩散模拟。热红外与微波遥感技术实时监测火场温度与辐射强度，结合风场模型与地形数据，通过元胞自动机（CA）模型或深度学习算法（如 CNN-LSTM）预测火灾发展态势。例如，在 2020 年澳大利亚山火中，基于测绘数据的火势蔓延模型，提前 72 小时预测了火场扩展路径，为

灭火资源部署提供了关键依据。无人机搭载的灭火弹投放系统,通过实时测绘数据与目标识别算法,实现精准灭火。例如,利用 LiDAR 点云数据识别火场边缘,通过深度学习算法定位火源中心,使灭火效率提升。

二、测绘数据在城市规划与管理中的应用

(一)基础空间信息构建

1. 数据采集:多源技术协同与精度保障

基础空间信息的构建始于数据采集,其核心在于通过多源技术协同实现地理空间数据的全面覆盖。现代测绘技术体系涵盖地理信息系统(GIS)、遥感(RS)、全球定位系统(GPS)、激光雷达(LiDAR)及无人机测绘等,各种技术手段通过优势互补形成立体化数据采集网络。例如,GIS 通过矢量数据与栅格数据的整合,构建城市空间要素的数字化表达;RS 技术借助卫星影像与航空摄影,实现大范围地表覆盖信息的快速获取;GPS 与 LiDAR 则通过高精度定位与三维点云生成,为城市地形地貌与建筑细节提供毫米级精度数据。

2. 数据处理:标准化流程与质量控制

采集后的原始数据经过标准化处理流程,转化为可用的空间信息。这一过程包括数据清洗、格式转换、坐标系转换及质量检查等环节。数据清洗旨在剔除噪声点与异常值,例如通过滤波算法去除 LiDAR 点云中的植被干扰;格式转换则需统一不同数据源的存储标准,如将影像数据从 TIFF 格式转换为 GeoTIFF 格式以嵌入地理坐标信息;坐标系转换需根据城市规划要求选择合适的投影方式,例如将 WGS84 坐标系转换为地方坐标系以减少投影变形。

3. 数据建模:三维城市空间表达与语义关联

基础空间信息的核心在于构建三维城市模型,其本质是通过多源数据融合实现城市空间要素的数字化表达。三维建模技术包括基于点云的三维重建、基于影像的立体匹配及基于规则的参数化建模等。例如,通过 LiDAR 点云与航空影像的联合处理,可生成高精度城市地形模型(DTM)与数字表面模型(DSM);结合建筑信息模型(BIM)数据,可进一步构建包含语义信息的三维城市模型。

4. 分析应用:空间决策支持与动态监测

基础空间信息的应用价值集中体现于空间决策支持与动态监测两大领域。在空间决策支持方面,通过 GIS 空间分析工具可实现多要素叠加与优化配置。例如,基于缓冲区分析可确定学校、医院等公共服务设施的服务半径,

通过网络分析可优化交通线路布局,通过叠加分析可评估土地利用冲突。以城市项目选址为例,通过整合地形、交通、人口等数据,可生成综合适宜性评价图,为决策者提供直观的选址依据。

(二)规划辅助决策支持

1. 规划需求解析与空间信息映射

城市规划决策的首要任务是解析多元需求并将其转化为空间表达。测绘数据通过地理信息系统(GIS)与三维建模技术,将人口分布、土地利用、交通流量、生态环境等非空间数据与空间位置建立关联。例如,基于人口普查数据与测绘数据的空间叠加分析,可识别高密度人口区域的服务设施缺口,进而为学校、医院等公共服务设施的布局提供决策依据。

在空间信息映射中,测绘数据的精度与粒度直接影响规划需求的表达精度。高分辨率遥感影像可解析城市微空间特征,例如通过 0.5 米分辨率影像可识别城市边角地、废弃地等低效用地;激光雷达(LiDAR)数据则可揭示地形地貌与建筑形态的细节特征,例如通过毫米级精度的点云数据可提取建筑物屋顶结构与高度信息。这些数据通过 GIS 的缓冲区分析、网络分析等工具,可进一步转化为规划决策参数,例如确定公共服务设施的服务半径、交通网络的通行能力等。

2. 空间分析工具与规划决策支持

GIS 作为测绘数据应用的核心平台,其空间分析功能为规划决策提供了定量化的技术手段。其中,叠加分析通过将土地利用现状图与规划目标图层进行空间叠加,可识别冲突区域并提出优化方案;网络分析则通过构建道路网络模型,可模拟交通流量分布并评估不同交通规划方案的效率。例如,通过将城市轨道交通线路规划图与人口分布图叠加,可计算各站点的潜在客流量,进而优化站点布局与线路走向。

三维空间分析进一步拓展了规划决策的深度与广度。基于测绘数据构建的三维城市模型(3DCM)可实现空间可视化的多要素叠加分析。例如,在建筑高度控制规划中,通过将 3DCM 与日照分析模型结合,可模拟不同建筑高度对周边区域的日照影响,从而制定合理的建筑限高策略。此外,3DCM 还可用于城市天际线设计、公共空间可达性评估等场景,为规划决策提供直观的空间感知。

3. 多情景模拟与规划方案比选

规划决策的复杂性要求对不同方案进行系统性比较与优化。测绘数据通过构建多情景模拟模型,可预测规划方案实施后的空间效应。例如,在城市更新规划中,通过将现状测绘数据与开发强度、功能布局等参数输入到元胞自动机(CA)模型中,可模拟不同开发策略下的城市空间演化过程,进而评估方案对交通、生态、社会等多维度的影响。

多方案比选须建立科学的评价指标体系,其核心在于将测绘数据转化为可量化的决策指标。例如,通过将土地利用数据与交通流量数据结合,可计算不同方案下的交通碳排放量;通过将遥感影像与生态指标结合,可评估方案对绿地覆盖率、生物多样性等生态要素的影响。此外,基于测绘数据的公众参与平台[如虚拟现实(VR)场景]可增强决策透明度,例如通过 VR 技术展示不同规划方案的三维效果,收集公众反馈以优化方案。

(三)城市更新与存量规划

1. 存量空间识别与分类

城市更新与存量规划的首要任务是建立精准的空间资源台账。测绘数据通过高分辨率遥感影像、激光雷达(LiDAR)点云与倾斜摄影测量技术,可实现城市空间形态的立体化解析。例如,利用 0.2 米分辨率遥感影像可识别城市边角地、废弃厂房等低效用地;通过 LiDAR 点云数据可提取建筑物屋顶结构、层高与立面形态,为功能置换提供空间参数。

在空间分类中,测绘数据需与土地权属、功能属性等非空间信息相结合。例如,基于测绘数据构建的三维实景模型可叠加产权边界数据,识别“一地多证”等权属矛盾区域;结合历史影像与现状测绘数据,可区分闲置用地、低效用地与历史建筑等不同类型存量空间,为分类施策提供基础。

2. 空间价值评估与潜力挖掘

测绘数据通过构建空间价值评估模型,可量化存量空间的开发潜力。例如,基于 LiDAR 数据提取的建筑容积率、建筑密度等指标,结合交通可达性、公共服务设施覆盖率等空间分析结果,可评估地块的重构价值;通过多时相遥感影像监测土地利用效率变化,可识别低效工业用地、老旧商业区等改造重点区域。

在价值评估中,需构建跨尺度的指标体系。例如,在区域层面,通过测绘数据与人口、经济数据的空间叠加分析,可识别城市收缩区域与增长极;在地块层面,结合三维实景模型与建筑能耗数据,可评估既有建筑的节能改造潜力。这种多尺度评估不仅为更新项目选址提供依据,还为资金投入的优先级排序提供支撑。

3. 更新方案优化与空间重构

测绘数据在更新方案优化中扮演空间建模与模拟的角色。基于倾斜摄影测量构建的三维城市模型(3DCM)可实现多方案的空间可视化比选。例如,在工业用地转型为创新园区的规划中,通过3DCM模拟不同建筑布局对日照、通风等环境要素的影响,进而优化建筑形态与空间组织;结合交通流量数据与3DCM,可评估更新项目对周边道路网络的冲击,并提出交通组织优化方案。

空间重构需通过测绘数据实现功能置换的精准化。例如,在老旧社区更新中,通过测绘数据提取公共空间、道路网络与建筑布局的形态特征,可设计"小街区、密路网"的空间模式;结合地下管线测绘数据,可优化地下空间利用方案,实现地上地下一体化开发,此外,测绘数据还可用于历史建筑保护,通过三维扫描技术记录建筑细部特征,为保护性修缮提供技术依据。

4. 实施监控与动态调整

城市更新项目的实施过程需通过测绘数据进行动态监控。例如,基于无人机倾斜摄影的定期航拍,可监测施工进度与空间形态变化;结合LiDAR点云数据的对比分析,可评估既有建筑拆除与新建工程的误差范围;通过地下管线探测仪的实时数据反馈,可避免施工对地下设施的破坏。

动态调整需建立测绘数据驱动的反馈机制。例如,若监测发现某区域建筑密度超过规划限值,则需通过测绘数据更新开发强度控制指标,并重新进行空间承载力评估;若发现公共空间可达性低于设计标准,则需通过测绘数据优化步行网络与交通接驳方案。这种动态调整不仅保障了更新项目的实施质量,还增强了规划的适应性。

(四)市政设施精准管理

1. 设施空间分布解析与资源优化配置

测绘数据通过高精度地理编码与三维建模技术,基于LiDAR点云数据与倾斜摄影测量构建的地下管线三维模型,可精确提取管道位置、埋深、管径等参数,并分析其与周边建筑物的空间关系;通过多源遥感影像融合分析,可识别道路路面病害、桥梁结构变形等空间特征,为设施更新提供基础数据。

测绘数据需与人口分布、交通流量等非空间信息相结合。例如,基于测绘数据构建的市政设施服务半径模型,可评估现有设施的覆盖盲区;结合人口热力图与设施分布数据,可优化公共卫生间、垃圾转运站等设施的布局密度;通过交通流量数据与设施分布的关联分析,可优化路灯、信号灯等交通设施的配置方案。这种空间—属性数据的融合分析,不仅提升了设施规划的科学性,还增强了资源分配的公平性。

2. 设施运行状态监测与动态评估

通过物联网感知网络与遥感监测技术，可实现市政设施运行状态的实时监测。例如，基于地下管线探测仪的电磁感应数据，可监测管道泄漏、腐蚀等隐患；通过倾斜摄影测量的定期航拍，可评估道路平整度、桥梁挠度等结构性能指标；结合车载移动测量系统（MMS）与 GNSS 定位数据，可监测路灯、交通信号灯等设施的倾斜、位移等异常状态。

3. 设施风险预警与应急响应

测绘数据通过空间分析技术与风险评估模型，可实现 LiDAR 数据提取地面沉降信息，可预测地下管线受压风险；结合多时相遥感影像与气象数据，可评估暴雨、地震等灾害对市政设施的冲击范围；通过地下管线三维模型与地质数据的叠加分析，可识别管道穿越地质灾害易发区的风险点。

4. 设施运维优化与决策支持

地下管线三维模型与历史维修数据的关联分析，可预测管道故障高发区域与发生时间规律，进而制订预防性维护计划；通过道路病害三维模型与交通流量数据的融合，可优化路面修补方案与交通组织策略；结合设施运行数据与成本数据，可评估不同运维模式（如自主运维、外包运维）的经济效益。

决策支持需建立多目标优化模型。例如，在设施更新决策中，通过测绘数据提取的设施剩余寿命、服务能力等参数，结合资金预算、环境影响等约束条件，可制定最优更新方案；在设施布局优化中，基于测绘数据构建的设施可达性模型，可评估不同布局方案对居民服务水平的影响；通过测绘数据与碳足迹数据的结合分析，可制定绿色运维策略，例如在路灯更新中优先采用节能灯具。这种基于测绘数据的决策支持，不仅提升了设施运维的效率，还增强了城市治理的可持续性。

5. 设施全生命周期信息管理

测绘数据通过构建市政设施全生命周期信息平台，可实现设施规划、建设、运维与更新的信息闭环。例如，基于三维实景模型与建筑信息模型（BIM）技术的集成应用，可建立设施的数字孪生体，实现空间形态与功能属性的同步更新；通过测绘数据与物联网感知数据的融合，可构建设施健康档案，记录设施的运行状态、维修历史与性能演变；结合区块链技术，可实现设施信息的不可篡改存储与共享，保障数据安全与可信。

全生命周期信息管理需建立统一的数据标准与共享机制。例如，通过坐标系转换与数据格式统一，可实现规划、建设、运维等部门数据的无缝衔接；通过构建设施信息分类编码体系,可实现不同类型设施信息的标准化表达;通过建立设施信息共享平台,可实现跨部门、跨层级的设施信息协同。这种全生命周期信息管理,不仅提升了设施管理的精细化水平,还为智慧城市建设提供了数据基础。

三、测绘数据在农业精准管理中的应用

(一)空间规划实施

1. 土地资源评估与分级利用

测绘数据通过高精度地形测绘与土壤属性分析,为土地资源评估提供量化依据。例如,基于激光雷达(LiDAR)点云数据构建的数字高程模型(DEM),可精确提取土地坡度、坡向等地形参数,结合土壤养分含量、酸碱度(pH 值)等实测数据,可构建土地质量分级图谱。在某农业示范区,通过测绘数据与作物生长模型的耦合分析,将土地划分为高产区、中产区与低产区,并制定差异化种植策略:高产区优先发展经济作物,低产区则通过土壤改良与轮作制度提升地力。

土地分级利用需建立多尺度评估体系。在区域尺度上,通过测绘数据与气象数据的融合分析,可评估土地的降水承载力与光热资源匹配度;在田块尺度上,基于无人机倾斜摄影测量的三维实景模型,可识别土地微地形特征(如洼地、丘陵),进而优化灌溉系统布局;在作物尺度上,通过测绘数据与作物生长监测数据的关联分析,可识别土地对特定作物的适应性。这种多尺度评估不仅提升了土地利用效率,还增强了农业生产的抗风险能力。

2. 种植结构优化与作物布局

测绘数据通过空间分析与模拟仿真技术,可实现种植结构的动态优化。例如,基于多时相遥感影像与作物光谱特征提取,可构建作物种植适宜性评价模型,评估不同作物在特定土地条件下的产量潜力。在某农业大县,通过测绘数据与气候数据的融合分析,发现水稻种植区存在冷害风险,遂将部分区域调整为耐寒作物(如小麦、油菜)的种植区;结合市场需求数据与交通网络分析,优化了作物从产地到市场的流通路径,减少了物流损耗。

作物布局需构建生态—经济协同模型。在生态层面,通过测绘数据提取的生物多样性热点区域,可划定作物轮作禁区,保护土壤微生物群落;在经济层面,基于测绘数据构建的作物生产成本图谱,可评估不同种植模式的投入产出比;在政策层面,结合耕地保护红线数据与测绘数据的空间叠加分析,可制

定耕地“非农化”的预警机制。这种协同模型不仅提升了农业生产的可持续性,还增强了空间规划的政策执行力。

3. 农田水利布局与水资源配置

测绘数据通过水文模型与地形分析技术,可实现农田水利设施的精准布局。例如,基于 LiDAR 数据提取的河道形态与坡度信息,可优化灌溉渠道的走向与坡降设计;结合土壤水分传感器网络与测绘数据的融合分析,可动态调整灌溉水量与频率,避免过度灌溉导致的土壤盐渍化。在某干旱区,通过测绘数据与地下水水位数据的关联分析,发现部分区域存在地下水超采风险,遂调整了灌溉水源的配置方案,增加了雨水收集与利用设施的比例。

水资源配置需构建多目标优化模型。在生产目标层面,通过测绘数据提取的作物需水量与土壤持水能力,可制定精准灌溉方案;在生态目标层面,基于测绘数据与湿地分布图的叠加分析,可保障生态需水的最低阈值;在政策目标层面,结合水资源管理红线数据与测绘数据的空间约束分析,可制定跨区域调水的可行性方案。这种多目标优化不仅提升了水资源利用效率,还增强了农业生产的生态韧性。

4. 生态功能区划与农业生态保护

测绘数据通过生态敏感性分析与空间叠加技术,可实现农业生态功能区划。例如,基于高分辨率遥感影像与地形数据的融合分析,可识别生态脆弱区(如水土流失易发区、生物多样性热点区),并划定农业生态保护红线;结合测绘数据与土地利用现状图的对比分析,可评估农业开发活动对生态系统的干扰程度,进而制定生态补偿与修复方案。在某生态农业示范区,通过测绘数据提取的农田景观格局指数,优化了农田斑块大小与形状,增强了生态系统的连通性。

生态功能区划需建立动态监测机制。在空间层面,通过测绘数据与无人机巡检数据的结合分析,可实时监测生态功能区的变化(如林地退化、湿地萎缩);在时间层面,基于多时相测绘数据的对比分析,可评估生态保护措施的实施效果;在管理层面,结合测绘数据与生态补偿政策的关联分析,可优化生态补偿资金的分配方案。这种动态监测不仅保障了生态功能区的稳定性,还促进了农业生态保护与经济发展的协调。

(二)工程建管协同

1. 工程规划协同

通过激光雷达点云数据与无人机倾斜摄影测量数据,可构建高精度三维地形模型,结合土壤属性数据(如养分含量、酸碱度等)与气象数据(如降水、风速等),可评估不同工程方案对土地资源的影响。在某农田水利工程建设中,通过测绘数据与水文模型的耦合分析,发现原规划渠道存在泥沙淤积风险,遂调整了渠道坡降设计,并优化了生态护坡方案。

通过测绘数据与土地利用规划图的叠加分析,可评估工程对农业生态系统的干扰程度;在项目尺度上,基于 BIM 模型与测绘数据的融合,可模拟工程建设的空间冲突(如与道路、村庄的干扰);在田块尺度上,通过测绘数据与作物生长模型的关联分析,可预测工程对农田生产力的影响。这种多尺度决策模型,不仅提升了规划的科学性,还增强了工程与农业生产的兼容性。

2. 施工过程协同

通过全球导航卫星系统(GNSS)与全站仪的组合测量,可实时获取施工机械的空间位置与姿态,结合 BIM 模型与测绘数据的融合分析,可动态调整施工参数(如渠道深度、坡度)。在某高标准农田建设项目中,通过测绘数据与物联网传感器的集成,实现了土壤湿度、压实度的实时监测,避免了过度压实导致的土壤结构破坏。

3. 质量监控协同

通过无人机倾斜摄影测量与三维激光扫描技术,可获取工程实体的几何精度数据。结合 BIM 模型与测绘数据的对比分析,可自动识别施工偏差(如渠道断面尺寸误差)。在某农业设施大棚建设中,通过测绘数据与结构健康监测系统的集成,实现了大棚骨架变形、应力分布的实时监测,避免了结构失稳风险。

质量监控须构建多层次评估体系。在材料层面,通过测绘数据与材料检测数据的融合分析,可评估材料性能对工程质量的影响;在工艺层面,基于测绘数据构建的施工工艺模拟模型,可优化关键工序(如混凝土浇筑、钢筋绑扎)的参数;在验收层面,结合测绘数据与质量验收标准的关联分析,可实现工程质量的自动化评估。这种多层次评估体系,不仅提升了质量监控的精度,还增强了工程质量的可追溯性。

4. 运维管理协同

LiDAR 数据与无人机巡检数据的结合分析,可实时监测工程设施的变形、裂缝等病害,结合 BIM 模型与测绘数据的融合,可制定精准的维护方案。在某农田灌溉系统运维中,通过测绘数据与传感器网络的集成,实现了管道压力、流量的实时监测,避免了因管道破损导致的水资源浪费。

运维协同需建立多目标优化模型。在安全目标层面,通过测绘数据提取工程病害特征,可评估设施的安全风险等级;在经济目标层面,基于测绘数据构建维护成本模型,可优化维护资源的配置;在生态目标层面,结合测绘数据与生态评估数据的关联分析,可制定绿色维护策略(如采用生态修复材料)。这种多目标优化模型,不仅提升了运维效率,还增强了工程的可持续性。

(三)市政精准治理

1. 市政精准治理中的智能决策支持系统

测绘数据训练的深度学习模型,可自动识别城市病害(如路面裂缝、井盖缺失等);通过测绘数据与物联网感知数据的结合分析,可实现城市运行状态的实时预测与异常预警;结合数字孪生技术,可构建城市的虚拟仿真模型,支持多方案比选与优化。在技术可行性层面,通过测绘数据提取的城市特征,结合机器学习算法,可评估不同方案的实施难度;在经济合理性层面,基于测绘数据构建的成本效益模型,可量化方案的投入产出比;在社会影响层面,结合测绘数据与社区调查数据的关联分析,可评估方案对居民生活的影响。例如,某城市通过智能决策支持系统,优化了交通信号灯配时方案,使高峰时段平均车速提升了15%。

2. 市政精准治理中的公众参与与透明化机制

利用倾斜摄影测量数据生成的三维场景,可让居民直观感受城市更新方案对生活环境的影响;通过测绘数据与社区调查数据的融合分析,可识别居民对市政建设的真实需求;结合公众反馈数据与测绘数据的对比分析,可优化工程方案。

公众参与需建立多主体协同机制。例如,通过测绘数据构建的城市影响评估模型,可量化居民对城市方案的满意度;通过公众投票与测绘数据的结合分析,可确定工程调整的优先级;结合社交媒体数据与测绘数据的关联分析,可实时监测城市舆情动态。例如,某城市通过公众参与平台,收集了居民对公园改造的1 200余条建议,优化了设计方案,使居民满意度从65%提升至88%。

3. 市政精准治理中的全生命周期管理

通过BIM模型与测绘数据的融合,可实现项目从规划、设计、施工到运维的信息追溯;结合大数据分析技术,可预测项目的剩余使用寿命与维护需求。全生命周期管理需建立多阶段评估机制。在规划阶段,通过测绘数据与生态评估数据的关联分析,可评估项目对城市生态系统的长期影响;在设计阶段,基于测绘数据构建的项目性能模拟模型,可优化设计方案;在施工阶段,通过测绘数据与质量监控数据的融合,可保障工程质量;在运维阶段,结合测绘数据与设备健康监测系统的集成,可实现预防性维护。例如,某城市通过全生命周期管理,使市政设施的平均使用寿命延长。

4. 市政精准治理中的绿色化与低碳化转型

通过测绘数据构建的城市建设碳排放模型,可评估不同施工方案的碳强度;通过测绘数据与绿色建筑标准的结合分析,可制定低碳化的城市设计策略;结合生态评估数据与测绘数据,可优化城市景观格局以增强碳汇功能。绿色化转型需建立多维度评估指标体系。在土地利用层面,通过测绘数据提取的土地覆盖类型与生态服务价值,可评估项目对生态系统的贡献;在设施布局层面,基于测绘数据构建的设施碳足迹图谱,可量化设施的碳排放强度;通过测绘数据与低碳技术数据的结合分析,可制定市政精准治理的碳减排策略。

(四)动态监测应用

1. 土壤墒情动态监测与精准灌溉

测绘数据通过融合遥感影像、地面传感器与气象数据,实现对土壤墒情的时空动态监测。基于高分辨率遥感影像提取的土壤光谱特征,结合地面传感器实时采集的土壤水分数据,可构建土壤墒情的空间分布模型。动态监测数据与灌溉决策模型的集成,可实现精准灌溉的动态调控。通过将土壤墒情数据输入作物需水模型,结合气象预测数据,可生成未来 7 天的灌溉方案。

2. 作物长势动态评估与产量预测

测绘数据通过多时相遥感影像的对比分析,实现作物长势的动态评估。基于时间序列的归一化差异植被指数(NDVI)与增强型植被指数(EVI)的联合分析,可识别作物生长的异常区域。在设施农业中,测绘数据可支持温室内环境的动态调控。通过激光雷达扫描的温室三维结构数据与物联网传感器采集的温度、湿度、光照数据,可构建温室的数字孪生模型。某温室利用该技术,将环境参数的调控响应时间从传统方法的 15 分钟缩短至 3 分钟,使作物生长周期缩短了 10%。

3. 病虫害动态预警与精准防控

测绘数据通过融合多光谱遥感与地面监测数据,实现病虫害的早期预警。基于无人机搭载的多光谱相机采集的植被光谱特征,结合地面诱捕器记录的害虫种类与数量,可构建病虫害发生的概率模型。动态监测数据与病虫害传播模型的集成,可实现防控策略的动态优化。通过将病虫害发生概率与气象数据、作物布局数据输入传播模型,可生成防控资源的空间配置方案。农业区利用该技术,将防控药剂的施用精度从传统方法的±50米提升至±10米,使防控效果提升。在生物防治中,测绘数据可支持天敌昆虫的精准投放。通过激光雷达扫描的农田三维结构数据与害虫密度分布图,可生成天敌昆虫的投放路径规划。某果园利用该技术,将天敌昆虫的投放效率提升,使化学农药的使用量减少。

四、测绘数据在交通与物流优化中的应用

(一)测绘数据在交通优化智能决策中的应用

1. 交通规划与道路勘测

在交通规划阶段,测绘数据发挥着至关重要的作用。通过高精度的测绘技术,能够准确测量地图上的地理信息,包括地形、地貌、河流等。这些数据为工程师们规划道路走向、选择最佳线路提供了重要依据。例如,在确定道路建设方案时,测绘数据可以帮助分析不同线路的地质条件、施工难度、对周边环境的影响等因素,从而选择出最优的线路方案。

在道路勘测中,测绘数据同样不可或缺。高精度的地形图和地貌图能够清晰地展示地势起伏、水流情况以及地下管线的位置等信息。工程师们可以根据这些数据,准确判断道路建设过程中可能遇到的地质灾害风险,提前采取防范措施,确保道路的稳定性和安全性。同时,测绘数据还可以为道路的设计提供详细的参数,如道路的坡度、曲率等,以满足车辆行驶的安全性和舒适性要求。

2. 交通工程建设与维护

在交通工程建设过程中,测绘数据能够提供及时准确的测量数据,帮助施工人员合理安排施工进度和施工资源。例如,在道路施工中,通过实时监测道路的施工进度和质量,及时调整施工方案,确保工程按照计划顺利进行。同时,测绘数据还可以用于检测工程的质量,如道路的平整度、厚度等,确保建设过程中每一个细节的准确性和稳定性。

在交通运输维护和管理方面,测绘数据也发挥着重要作用。通过对道路和桥梁进行定期巡检,利用测绘技术获取的结构数据,可以及时发现结构存在的问题,如裂缝、变形等,并评估其损坏程度,为维修和维护提供科学依据。此外,测绘数据还可以为路况监控提供数据支持,通过分析交通流量、车速等数据,及时发现交通状况异常,采取相应的措施,保证交通运输的畅通和安全。

3. 智能交通系统

测绘数据在智能交通系统中也有着广泛的应用。例如,在交通流量监测

方面，利用卫星导航系统和传感器等设备，结合测绘技术，可以实时监测城市道路的交通情况，包括车辆密度、行驶速度以及拥堵程度等。这些数据经过整理和分析后，可以形成交通流量地图，为交通管理部门制定更科学合理的交通规划、调整信号灯时间分配提供参考，以实现交通拥堵的缓解和交通流量的优化。

在导航与路径规划方面，测绘数据为智能导航系统提供了精确的地理信息数据，包括街道、建筑物、道路、桥梁等的位置和特征。这些数据可以帮助驾驶员快速、准确地选择最佳路线，提高出行效率。同时，在物流管理中，物流企业可以利用测绘数据获取各个货物运输节点的地理位置数据，通过优化路径规划，减少时间、成本和能源消耗。

（二）测绘数据在物流优化和智能决策中的应用

1. 物流网络测绘与轨迹跟踪管理

在智慧物流中，测绘数据可以实现对物流网络的精确测绘。通过卫星定位、无人机等技术手段，对物流节点、道路、仓库等进行高精度的测绘和建模，为物流管理提供科学依据。例如，通过测绘数据可以了解仓库的地理位置、周边交通状况、仓储容量等信息，以便合理规划货物的存储和配送。

测绘数据还可以用于物流轨迹跟踪与管理。在物流车辆、物流设备等上安装 GPS 定位设备，结合地理信息系统，可以实时跟踪物流车辆的位置、运行轨迹等信息，实现对物流过程的全程监管与管理，提高物流运作效率和安全性。例如，物流企业可以通过实时监控物流车辆的位置，及时调整配送计划，避免车辆拥堵和延误，确保货物按时送达。

2. 货物运输路径优化

测绘数据在货物运输路径优化方面也发挥着重要作用。通过对不同地理空间要素进行分析和建模，利用空间插值方法、空间聚类方法等，可以对运输线路进行规划和优化，减少运输时间和成本。例如，根据货物的起始地和目的地，结合测绘数据中的道路网络、交通流量等信息，选择最优的运输路径。同时，还可以考虑仓库的位置和容量，合理安排货物的中转和存储，提高仓库的利用效率和服务质量。

3. 供应链管理

在供应链管理中，测绘数据的应用主要体现在供应链可视化、风险预警和决策支持等方面。通过测绘技术，可以对供应链中各个节点和环节进行地理位置的获取和可视化展示，使供应链管理者能够直观地了解供应链的整体情况和各个环节的关系。同时,可以对供应链中的关键节点进行空间分析和风险评估,预测和防范供应链中的异常情况和风险。例如,通过地理信息系统和实时定位技术,可以对供应链中的车辆、货物等进行实时监控,及时预警和应对供应链中的异常情况,如自然灾害、交通拥堵、政策调整等。此外,测绘数据还可以对供应链中的空间数据进行分析和处理,为决策支持和优化方案提供依据。例如,通过空间分析技术,对供应链中的运输路线进行优化,降低成本和提高效率;通过地理信息系统和数据挖掘技术,对供应链中的需求预测和库存管理进行优化,提高供应链的灵活性和响应能力。

五、测绘数据在能源资源管理中的应用

(一)能源勘探领域

1. 地质信息获取

在能源勘探环节,测绘数据是获取地下能源储量数据的关键。地球物理测绘技术结合测绘数据,可精准揭示地下岩石类型、地层结构等信息。例如,通过对地下岩石密度、磁性、电性等物理性质的测量与分析,结合高精度的地形地貌测绘数据,能够推断出油气田的分布范围和潜在储量。卫星遥感技术则从宏观层面提供地表温度、湿度、植被状况等数据,与地形测量和地球物理测量数据相互印证,进一步确定地下潜在的油藏分布和厚度,为勘探地点的选择提供科学依据,降低勘探风险,提高勘探成功率。

2. 勘探方案优化

测绘数据为油田开发方案的优化提供了重要参考。在油田开发阶段,详细的地形、地貌和地质构造测绘数据,有助于合理规划油田的开采布局。根据地下油藏的分布和储量情况,结合测绘数据中的地形起伏、地质构造特征,可以确定最佳的井位布置、采油方式以及油井间距等参数,降低勘探成本,提高开发效率。同时,通过对油田生产过程的监测和分析,如油井生产补给、地下水位监测等数据的测绘获取与分析,能够实现对油藏的有效管理和优化,提高油田的采收率。

(二)能源生产领域

1. 生产设施监测

在能源生产过程中,测绘数据保障了生产设施的安全高效运行。利用无人机航拍技术和高精度测绘仪器,可对能源生产设施进行快速、精确的测量和

监测。例如，在煤矿生产中，通过定期对矿井、巷道、通风设施等进行测绘，可及时发现设施的变形、位移等情况，评估设施的安全性，提前采取加固或维修措施，避免安全事故的发生。同时，对能源生产设备的运行状态进行实时监测，结合测绘数据中的设备位置、运行参数等信息，能够及时发现设备的故障隐患，提高生产效率和质量，减少资源浪费和环境影响。

2. 环境参数监测

遥感技术和地理信息系统在能源生产环境监测中发挥着重要作用。通过对能源生产区域的地表温度、植被覆盖度、大气污染物浓度等环境参数进行实时监测和分析，结合测绘数据中的地形、地貌、土地利用类型等信息，能够全面了解能源生产对周边环境的影响。例如，在风电场建设中，通过测绘数据确定风电场与周边居民区、生态敏感区的距离，结合环境监测数据，评估风电场对周边生态环境的影响，制定相应的环境保护措施，保障生态平衡。

3. 安全管理支持

激光扫描和三维建模技术为能源生产的安全管理提供了有力支持。通过对生产设施进行精确的激光扫描和三维建模，获取设施的详细空间结构和几何信息。结合测绘数据中的地质灾害隐患点分布信息，对生产设施进行风险评估，提前制定应对措施。例如，在水电站建设中，通过三维建模分析坝体的结构稳定性，结合测绘数据中的地质构造和地震活动信息，评估坝体在地震、洪水等自然灾害下的安全性，为水电站的安全运行提供保障。

（三）能源消费领域

1. 能源消耗测算

测绘数据在能源消耗测算方面具有重要应用价值。通过对建筑物和城市的三维扫描和建模，结合能源监测设备获取的能源消耗数据，可以精确测算和监测能源消耗情况。例如，在建筑领域，利用三维激光扫描技术获取建筑物的几何形状、空间布局等信息，结合建筑物的能源使用设备、使用时间等数据，建立能源消耗模型，准确计算建筑物的能源消耗量。通过对不同区域、不同类型的建筑物能源消耗数据的分析，可以发现能源消耗的规律和特点，为制定科学合理的能源消费政策和管理措施提供依据，提高能源利用效率。

2. 能源供应链管控

测绘数据有助于实现对能源供应链的管控和优化。通过对能源设备和网络的测绘，获取能源输送管道、变电站、加油站等设施的地理位置、运行状态等信息，结合能源需求预测数据，利用地理信息系统进行空间分析，优化能源的调配和运输路径，降低能源运输成本和损耗。例如，在天然气输送领域，通过测绘数据确定天然气管道的走向、管径、压力等参数，结合天然气需求分布情况，合理规划管道的输送能力和调度方案，确保天然气的稳定供应和合理分配。

3. 消费行为监测

利用地理信息系统和智能传感技术，结合测绘数据，可以实现对能源消费行为的监测和评估。通过在能源消费终端安装智能传感器，实时获取能源消耗数据，并利用地理信息系统将能源消费数据与用户的地理位置、建筑类型等信息进行关联分析。例如，通过对居民小区的能源消耗数据进行监测和分析，结合小区的建筑年代、建筑面积、人口密度等测绘数据，评估居民的能源消费习惯和节能潜力，为推动公众节能减排行动提供数据支持。

（四）电网规划与智能能源管理领域

1. 电网规划决策

测绘数据为电网规划提供了重要的基础数据。通过对电力设施的测绘和分析，获取电网的拓扑结构、线路走向、变电站位置等信息。结合区域内的能源需求预测、土地利用规划等数据，利用地理信息系统进行空间分析和模拟，制定科学合理的电网规划方案。例如，在城市电网规划中，根据城市的发展规划和人口分布情况，结合测绘数据中的地形地貌、建筑物分布等信息，合理规划变电站的选址和线路走廊，提高电网的供电可靠性和经济性。

2. 智能电网管理

在智能电网建设中，测绘数据实现了对电力网络的实时监控和全面管理。通过对电力设备的实时监测数据与测绘数据相结合，能够实时掌握电网的运行状态，包括线路的负荷情况、电压波动、设备故障等信息。利用地理信息系统进行可视化展示，便于电网管理人员及时发现问题并采取相应的措施。例如，当某条线路出现负荷过重时，系统可以根据测绘数据中的线路走向和周边变电站的位置，自动调整电力调度方案，实现电力资源的优化配置，保障电网的稳定供电。

3. 能源资源评估

测绘数据在能源资源评估中为智能能源管理提供了基础支持。在风能、太阳能等可再生能源资源评估中，通过测绘技术获取地形、地貌、气候等数据，结合卫星遥感数据和气象观测数据，评估能源资源的可利用性和开发潜力。例如，在风能资源评估中，利用测绘数据中的地形起伏、粗糙度等信息，结合风速、风向等气象数据，建立风能资源评估模型，确定风电场的最佳选址和风机布置方案，提高能源利用效率，促进能源结构的优化。

六、测绘数据在公共安全与应急响应中的应用

（一）灾害预警与预防

1. 地质灾害预警

在地质灾害预警方面，测绘数据是构建精准预警模型的核心要素。通过定期获取高精度的地形地貌测绘数据，如数字高程模型（DEM），结合地质构造、岩性等地质信息，能够识别潜在的地质灾害隐患区域。例如，利用遥感卫星获取的大范围地表形变数据，结合地面监测点的实时测绘数据，可监测山体滑坡、泥石流等灾害的早期迹象。基于这些数据，运用地理信息系统（GIS）进行空间分析，建立地质灾害预警模型，预测灾害发生的可能性、影响范围和强度，为相关部门提前发布预警信息、组织人员疏散和采取防范措施提供科学依据。

2. 气象灾害预防

在气象灾害预防中，测绘数据与气象数据的融合应用显著提升了灾害预防的精准性。地形测绘数据能够反映区域的地理特征，如山脉、河流、海岸线等，这些地理因素对气象灾害的形成和发展具有重要影响。例如，在台风灾害预防中，结合测绘数据中的海岸线走向和地形坡度，分析台风登陆后可能引发的风暴潮、洪水等次生灾害的影响范围。同时，利用测绘数据确定城市中的低洼地带、排水系统等关键区域，为有关部门制定针对性的预防措施提供参考，如提前加固堤坝、疏通排水管道等，降低气象灾害对城市和居民的危害。

3. 公共安全风险评估

测绘数据在公共安全风险评估中发挥着基础性作用。通过对城市建筑物、道路、桥梁等基础设施的测绘，获取其空间位置、结构特征和使用状况等信息。结合人口分布、社会经济等数据，运用风险评估模型，分析不同区域面临的公共安全风险等级。例如，在评估城市火灾风险时，利用测绘数据确定建筑物的耐火等级、消防通道设置等情况，结合人口密度和周边消防设施的分布，划分火灾风险区域，为消防部门制订巡查计划、配备消防资源提供依据，实现公共安全风险的精准防控。

（二）应急资源调配

1. 资源定位与调度

在灾害发生后，测绘数据为应急资源的快速定位与高效调度提供了关键支持。通过建立应急资源数据库，将各类应急物资、救援队伍、医疗设备等资源的地理位置、数量、状态等信息进行整合。利用 GIS 的空间分析功能，根据灾害发生的位置和影响范围，快速确定距离受灾区域最近且满足需求的应急资源，并规划最优的运输路线。例如，在地震灾害中，通过测绘数据确定受灾地区的道路通行状况，结合应急物资储备点的位置，为救援车辆规划避开拥堵和损坏路段的最佳路线，确保应急资源能够及时、准确地送达受灾地区。

2. 动态监测与调整

测绘数据支持应急资源调配的动态监测与实时调整。在应急响应过程中，通过无人机、卫星遥感等技术实时获取受灾区域的最新情况，结合地面监测点的测绘数据，及时更新灾害影响范围和受灾程度。根据这些动态变化，对应急资源的需求进行重新评估，并调整应急资源调配方案。例如，如果发现某受灾区域的受灾人数增加，对医疗资源的需求上升，系统可以根据测绘数据确定周边医疗机构的承载能力和可调配的医疗资源，及时增派医疗队伍和设备，确保应急资源的合理分配和有效利用。

3. 多部门协同

测绘数据促进了应急响应中多部门的协同合作。通过建立统一的测绘数据共享平台，实现不同部门之间数据的实时共享和交互。例如，在灾害发生时，消防、医疗、交通等部门可以同时获取受灾区域的测绘数据，了解灾害现场的具体情况，明确各自的职责和任务。各部门可以根据测绘数据进行协同决策，如消防部门根据建筑物的结构和火势情况制定灭火方案，医疗部门根据受灾人数和伤员分布情况调配医疗资源，交通部门根据道路状况保障救援车辆的通行，形成强大的应急救援合力。

（三）灾后评估与恢复

1. 损失评估

测绘数据在灾后损失评估中具有重要作用。利用高分辨率的遥感影像和无人机航拍数据，对受灾区域进行全面、细致的测绘，获取建筑物的损坏程度、基础设施的破坏情况、农田的受灾面积等信息。结合 GIS 的空间分析功能，对灾害损失进行量化评估，确定灾害造成的直接经济损失和间接经济损失。例如，在洪水灾害后，通过测绘数据可以准确统计受灾房屋的数量、面积和损坏等级，评估农田的淹没面积和农作物受灾程度，为灾后重建资金的筹集和分配提供科学依据。

2. 重建规划

测绘数据为灾后重建规划提供了基础数据支持。根据灾后损失评估结果，结合城市规划和发展需求，利用测绘数据确定重建区域的空间布局、基础设施选址和建设标准。例如，在地震灾区的重建规划中，通过测绘数据确定避开地震断裂带和地质灾害隐患点的安全区域，合理规划居民住房、学校、医院等公共设施的布局，确保重建后的城市具有更高的安全性和抗灾能力。同时，测绘数据还可以为重建过程中的工程质量监测提供依据，保障重建工程的质量和进度。

3. 生态修复

在灾后生态修复方面，测绘数据有助于评估生态环境受损情况并制定修复方案。通过对受灾区域的生态环境进行测绘，获取植被覆盖度、土壤质量、水资源分布等信息。分析灾害对生态系统的影响，确定生态修复的重点区域和目标。例如，在森林火灾后，利用测绘数据确定火灾烧毁的森林面积和植被类型，结合土壤侵蚀和水土流失情况，制定森林植被恢复、水土保持等生态修复措施，促进生态环境的恢复和可持续发展。

（四）公共安全监测

1. 城市安全监测

测绘数据为城市安全监测提供了全面的空间信息支持。通过在城市中部署各类传感器和监测设备，结合测绘数据确定其空间位置和监测范围，实现对城市基础设施、公共场所等的安全监测。例如，利用测绘数据确定桥梁、隧道、地下管线等基础设施的关键部位，安装应变传感器、位移传感器等设备，实时监测其结构安全状况。同时，在商场、车站等公共场所安装视频监控设备，结合测绘数据确定监控范围和盲区，提高城市安全的监测能力，及时发现和处理安全隐患。

2. 社会治安监测

在社会治安监测中，测绘数据有助于整合各类治安信息，提高治安防控效率。将警力分布、案件高发区域、重点监控场所等信息与测绘数据进行关联，运用 GIS 进行空间分析，确定治安防控的重点区域和薄弱环节。例如，通过分析历史案件数据和测绘数据，确定城市中盗窃、抢劫等案件的高发区域，调整警力部署,加强巡逻防控。同时,利用测绘数据规划视频监控系统的布局,提高对重点区域和场所的监控覆盖率,为打击犯罪提供有力支持。

3. 应急演练与培训

测绘数据为应急演练和培训提供了逼真的场景模拟。利用三维建模技术,根据测绘数据构建城市的三维模型,模拟各种灾害场景和应急事件。例如,构建地震、火灾、洪水等灾害的三维场景,设置不同的灾害等级和影响范围,组织应急救援人员进行实战演练。通过模拟演练,让救援人员熟悉灾害现场的环境和救援流程,提高应急处置能力。同时,利用测绘数据和虚拟现实技术开展应急培训,使培训人员身临其境地感受灾害的危害和应急救援的重要性,增强应急意识和技能。

参考文献

[1]蒲仁虎. 全站仪与 GNSS 现代测绘技术[M]. 成都:西南交通大学出版社,2017.

[2]方源敏,陈杰,黄亮,等. 现代测绘地理信息理论与技术[M]. 北京:科学出版社,2016.

[3]中国科学技术协会. 测绘科学与技术学科发展报告[M]. 北京:中国科学技术出版社,2012.

[4]柳志刚,三利鹏,张鹏. 测绘与勘察新技术应用研究冶金,地质[M]. 长春:吉林科学技术出版社,2022.

[5]焦明连,孔令泰,郦远东. 现代测绘技术的发展与应用[M]. 徐州:中国矿业大学出版社,2015.

[6]盖明超. 测绘技术的创新与发展[J]. 西部资源,2025(01):70-73.

[7]现代测绘科学技术在文物精细化测绘与数字化保护中的应用[J]. 中国测绘,2019(08):28-31.

[8]王本庆. 测绘科学与技术转型升级发展战略分析[J]. 居舍,2019(12):161.

[9]苗则朗. 测绘学科研究生跨学科创新能力的培养[J]. 湖南工程学院学报(社会科学版),2019,29(01):98-101.

[10]宁津生. 测绘科学与技术转型升级发展战略研究[J]. 科学中国人,2019(03):34-39.

[11]王子铭. 现代测绘科学技术应用发展分析[J]. 工程建设与设计,2019(15):199-200.

[12]梁向奎. 现代测绘技术在国土测绘中的应用[J]. 黑龙江科技信息,2015(17):45.

[13]汤镇炘. 测绘科技发展的现状、趋势及思考[J]. 测绘软科学研究,1999(03):12-17.

[14]魏增录,张文青,王振亭. 现代测绘技术在煤矿测量中的应用[J]. 价值工程,2025,44(06):108-110.

[15]董辉. 城乡规划中的现代测绘新技术[J]. 城市建设理论研究(电子版),

2025(06):178-180.
[16]刘剑.现代测绘技术在地质勘探中的应用[J].华北自然资源,2025(01):72-74.
[17]赵欢欢,李博,韩晓飞,等.现代测绘技术在国土调查中的应用与挑战[J].科技资讯,2025,23(03):205-208.
[18]梅攀.现代测绘仪器对工程测绘精度的影响分析[J].中国住宅设施,2024(S1):56-57.
[19]杜易阳,王娟.现代测绘工程技术及其发展趋势探究[J].科技风,2024(32):75-77.
[20]李晶晶.现代测绘技术在城市规划测量领域的应用[J].价值工程,2024,43(30):101-103.
[21]冯晔.现代测绘技术在农业土壤管理中的应用[J].河北农业,2024(10):36-37.
[22]朱文,任亮.现代化测绘技术在地籍测绘中的应用分析[J].中国高新科技,2024(13):63-65.
[23]樊辉.现代测绘技术在湖南数字航道中的应用[J].中国科技信息,2024(07):82-84.
[24]刘士远.现代测绘技术在公路工程勘测设计中的应用分析[J].工程建设与设计,2024(05):159-161.
[25]邓鑫,江芸倩.现代测绘技术在城市规划测量领域的运用[J].信息系统工程,2024(02):61-64.
[26]程岩.现代测绘技术在金属矿山地质灾害中的地位与应用展望[J].中国金属通报,2024(02):7-9.
[27]米超川,霍学理,刘英,等.探讨现代测绘技术在生态环境保护中的应用[J].测绘技术装备,2023,25(04):121-126.
[28]李国庆.测绘技术在建筑工程测量中的应用[J].城市建设理论研究(电子版),2025(09):91-93.